Lecture Notes in Mathematics

A collection of informal reports and seminars
Edited by A. Dold, Heidelberg and B. Eckmann, Zürich

164

J. P. Ferrier

Institut Elie Cartan, Nancy/France

Séminaire sur les Algèbres Complètes

Springer-Verlag
Berlin · Heidelberg · New York 1970

INTRODUCTION

Le but poursuivi par le présent séminaire est l'application de la théorie spectrale
des algèbres complètes à l'approximation des fonctions holomorphes dans des ouverts de
$\mathbb{C}^n$, dont la croissance est tempérée. L'outil essentiel dans cette question est le calcul symbolique de L. WAELBROECK ([4] , [5]) ; aussi, les quatre premiers paragraphes
sont-ils consacrés d'une part à l'exposition de la terminologie sur les structures qui interviennent dans ce calcul et d'autre part à la construction de ce dernier ; leur contenu
est inspiré du mémoire de L. WAELBROECK et on a seulement adopté un point de vue moins
général, en se plaçant délibérément dans le cas commutatif, ce qui est justifié par les
simplifications entraînées et les applications en vue ; on a insisté, d'un autre côté,
sur des difficultés de la théorie qui interviennent dans les questions envisagées. Les
quatre autres paragraphes sont consacrés à l'application de la théorie spectrale à l'approximation ; on y élabore des outils qui permettront d'utiliser le calcul symbolique.
On a voulu, dans cette partie, que le séminaire ait un caractère d'initiation et on y
expose essentiellement le cas d'une variable ; les idées sont les mêmes dans le cas de
plusieurs variables, mais l'extension à ce cas, assez compliquée et qui utilise notamment les majorations de L. HÖRMANDER pour l'opérateur $\overline{\partial}$, sera rédigée ailleurs.

Il est facile d'expliquer les relations entre le calcul symbolique et l'approximation en partant de l'exemple des algèbres de Banach. On sait que dans ce cas, si f est
une fonction analytique au voisinage du spectre de l'élément central a , on définit
$f(a)$ en substituant a à z dans la formule de Cauchy, c'est-à-dire par :

$$f(a) = \frac{1}{2\pi i} \int_\gamma \frac{f(s)}{s-a} \, ds$$

pour un contour γ convenable entourant le spectre ; on sait aussi comment l'on peut en
déduire que pour tout compact polynomialement convexe K de $\mathbb{C}$ et toute fonction holomorphe f au voisinage de K , f est limite uniforme sur K de polynômes, en construi-
sant $f(z)$ dans l'adhérence $P(K)$ dans $\mathscr{C}(K)$ des polynômes. Si l'on remplace maintenant K par un ensemble ouvert borné S de $\mathbb{C}$, pour toute sous-algèbre fermée de l'algèbre de Banach des fonctions bornées sur S , le spectre de z contient $\overline{S}$ et on ne
peut y définir $f(z)$ que pour f holomorphe au voisinage de $\overline{S}$, ce qui est décevant.
Si l'on veut que le spectre de z puisse être S , il faut d'abord autoriser les fonctions $z \longmapsto (z-s)^{-1}$ lorsque s est un point frontière, et permettre ainsi une croissance au bord de S . On quitte alors irrémédiablement le cadre des algèbres normées ;
on pourrait, certes, penser aux algèbres topologiques, mais il se trouve que les structures à bornés sont mieux adaptées.

Le paragraphe 1 a pour objet de rappeler les notions d'ensemble, d'espace et d'algèbre à bornés, introduites par L. WAELBROECK dans son mémoire [4] . On s'est inspiré plus précisément de l'exposition de C. HOUZEL [3] , en n'insistant cependant pas sur les limites projectives et inductives générales et en ne parlant que des exemples qui interviennent en théorie spectrale. On y précise, en revanche, les notions d'adhérence et de fermeture, qui, comme on le sait, ne coïncident pas nécessairement dans les espaces à bornés.

Le paragraphe 2 introduit, pour préciser la notion de croissance au bord, les fonctions δ-tempérées de L. WAELBROECK, où δ est une fonction positive, lipschitzienne sur $\mathbb{C}^n$ telle que la fonction $|z|\delta$ soit bornée : ce sont les fonctions f sur l'ouvert $\delta > 0$ telles qu'il existe un entier N tel que la fonction $\delta^N f$ soit bornée. On compare avec la définition donnée par L. HORMANDER [2] . On régularise la fonction δ par un procédé de convolution.

Le spectre de WAELBROECK d'éléments $a_1 , ..., a_n$ d'une algèbre complète commutative à unité est défini au paragraphe 3 ; on se place d'abord dans le cas d'un seul élément a et on définit, comme dans [6] , les ensembles spectraux, qui sont les parties de $\mathbb{C}$ sur le complémentaire desquelles $(a-s)^{-1}$ est défini et borné ; on introduit ensuite les fonctions spectrales, comme dans [4] , et on régularise les coefficients.

Dans le paragraphe 4, on construit le calcul symbolique, qui, pour une fonction spectrale δ pour les éléments $a_1 , ..., a_n$, est un morphisme de l'algèbre $\mathcal{O}(\delta)$ des fonctions holomorphes δ-tempérées dans l'algèbre, qui envoie unité sur unité et respectivement $z_1 , ..., z_n$ sur $a_1 , ..., a_n$. On s'est contenté de donner les idées essentielles, renvoyant le lecteur au mémoire de L. WAELBROECK [4] pour le détail de certains calculs. C'est dans ce paragraphe que le fait d'avoir supposé l'algèbre commutative apporte une grande simplification. En revanche, on a conservé la donnée d'un idéal complet, en vue d'applications ultérieures.

Au paragraphe 5, on applique ce qui précède à l'étude de la densité, dans une algèbre $\mathcal{O}(\delta)$ de fonctions holomorphes δ-tempérées sur un ouvert de $\mathbb{C}$, d'une sous-algèbre et notamment une algèbre $\mathcal{O}(\delta')$ où $\delta' \geq \delta$. On résoud ce problème avec une hypothèse de convexité de la fonction δ relativement à la sous-algèbre. On introduit, pour cela, B étant un disque borné de $\mathcal{O}(\delta)$ et s un point de $\mathbb{C}$, la distance $\delta_B(s)$, dans l'espace normé E_B jaugé par B, de la fonction 1 à l'idéal de la sous-algèbre engendré par $z-s$, et on montre que pour un disque borné B convenable, la fonction δ_B est spectrale pour z dans l'adhérence de la sous-algèbre.

Au paragraphe 6, on compare le spectre d'un élément a d'une algèbre A au spectre de a dans une sous-algèbre A' contenant a . On s'intéresse d'abord aux ensembles spectraux, pour lesquels on donne un énoncé général, en s'appuyant sur les résultats du paragraphe précédent. L'outil utilisé ici est la distance $\rho_B(s)$ dans E_B de l'élément $(a-s)^{-1}$ à la sous-algèbre. On donne des exemples d'ensembles spectraux qui le restent par diminution de l'algèbre. La situation est plus compliquée que dans le cas des algèbres de Banach car le spectre n'est plus compact, ni même borné, et la caractérisation n'est plus seulement topologique. On applique les énoncés obtenus à l'approximation des fonctions holomorphes tempérées. On rencontre une difficulté lorsqu'on veut alors itérer des résultats d'approximation, du fait que l'adhérence n'est pas nécessairement fermée ; on doit alors introduire des systèmes inductifs d'espaces à bornés, qui sont appelés ind-espaces.

Le paragraphe 7 concerne une extension des espaces classiques de Hardy ; si Ω est un ouvert de $\mathbb{C}$, on définit, pour $p > 0$, un espace à bornés complet $H_p(\Omega)$, qui est l'espace des fonctions holomorphes f sur Ω telles que $|f|^p$ soit majorée par une fonction surharmonique positive, et une algèbre $H_{log}(\Omega)$. Ces espaces ont une structure trop fine pour les applications à l'approximation et on y étudie la topologie bornivore non localement convexe. En particulier, l'algèbre topologique non localement convexe $H_{log}(\Omega)$ joue un rôle important en théorie spectrale.

Le paragraphe 8 étudie l'approximation des fonctions holomorphes intégrables sur un ouvert borné S de $\mathbb{C}$. Bien qu'il ne s'agisse pas d'une structure d'algèbre, on utilise des techniques qui sont inspirées par la théorie spectrale des algèbres ; il s'agit d'une régularisation des coefficients différente de celle de L. WAELBROECK. On s'intéresse à l'approximation rationnelle et, à l'aide des résultats du paragraphe précédent, à l'approximation polynômiale dans des exemples où il y a ambiguité, en particulier lorsque $\complement S$ est connexe sans que $\complement \overline{S}$ le soit.

Ce séminaire a été tenu à NANCY au cours des deux premiers trimestres de l'année universitaire 1969-1970. Les paragraphes 1 à 4 ont été respectivement exposés par J.-L. REMY (Généralités sur les structures à bornés), C. WROBEL (Fonctions tempérées), B. ANDRÉ (Le spectre de WAELBROECK) et J.-P. LAVIGNE (Le calcul symbolique). Les paragraphes 5 (Fonctions spectrales pour z dans une sous-algèbre de $\mathcal{O}(\delta)$) et 6 (Ensembles spectraux d'une sous-algèbre) sont dûs à l'auteur. Le paragraphe 7 (Une extension des espaces de Hardy appliquée à l'approximation) est un travail de Mme D. MOREL et le paragraphe 8 (Approximation des fonctions holomorphes intégrables sur un ouvert borné de $\mathbb{C}$) un travail de B. ANDRÉ.

Je tiens à remercier l'Institut Elie CARTAN dans le cadre duquel j'ai pu rédiger ce séminaire et Madame S. GÉRARD pour le travail admirable qu'elle a accompli en frappant cette rédaction.

J.-P. FERRIER

TABLE DES MATIÈRES

*

* *

§ 1.- GÉNÉRALITÉS SUR LES STRUCTURES A BORNÉS

Dans ce paragraphe, on rappelle les notions relatives aux bornologies qui ont été introduites par L. Waelbroeck : on définit les ensembles à bornés, les espaces à bornés, les espaces à bornés séparés et complets, les algèbres complètes et les idéaux complets. On ne construit pas les limites projectives et inductives générales ; pour ces questions, le lecteur est renvoyé au séminaire de C. Houzel, chap. 1 et 2. On définit une notion d'adhérence pour un sous-espace vectoriel d'un espace à bornés, qui est un sous-espace muni d'une structure à bornés plus fine que la structure induite.

1. On commence par les structures à bornés définies sur les ensembles.

DÉFINITION 1.- <u>Soit</u> E <u>un ensemble ; on appelle bornologie sur</u> E <u>une partie</u> $\mathcal{B}$ <u>de</u> <u>l'ensemble des parties de</u> E <u>qui vérifie les trois axiomes qui suivent :</u>

B 1) <u>la réunion de deux ensembles de</u> $\mathcal{B}$ <u>appartient à</u> $\mathcal{B}$;

B 2) <u>si</u> B <u>appartient à</u> $\mathcal{B}$ <u>et contient</u> B' , <u>alors</u> B' <u>appartient à</u> $\mathcal{B}$;

B 3) <u>les points appartiennent à</u> $\mathcal{B}$.

<u>On appelle ensemble à bornés un ensemble muni d'une bornologie.</u> Les ensembles de $\mathcal{B}$ sont appelés <u>ensembles bornés.</u>

DÉFINITION 2.- <u>Soient</u> E , F <u>deux ensembles à bornés et</u> f <u>une application de</u> E <u>dans</u> F . <u>On dit que</u> f <u>est bornée si l'image par</u> f <u>de tout ensemble borné de</u> E <u>est</u> <u>bornée dans</u> F .

<u>Exemples</u> :

1) Si E est un espace semi-normé, l'ensemble des parties bornées pour la semi-norme est une bornologie qui fait de E un ensemble à bornés. Si E , F sont des espaces normés et f une application linéaire de E dans F , il revient au même de dire que f est continue ou que f est bornée.

2) Plus généralement, si E est un espace vectoriel topologique, l'ensemble des parties bornées (au sens de Mackey) de E (c'est-à-dire l'ensemble des parties B telles que, pour tout voisinage U de zéro, il existe un scalaire λ tel que $B \subset \lambda U$) est une bornologie.

3) Si E est un espace topologique séparé, l'ensemble des parties relativement compactes de E constitue une bornologie.

4) Si E , F sont des ensembles à bornés, on définit une bornologie sur l'ensemble B(E,F) des applications bornées de E dans F en considérant les parties B telles que pour tout ensemble borné A de E , la réunion des f(A) lorsque f parcourt B soit bornée dans F ; les parties bornées de B(E,F) sont encore appelées <u>ensembles équibornés.</u>

Soient $\mathcal{B}$, $\mathcal{B}'$ des bornologies sur un ensemble E ; on dit que $\mathcal{B}$ est **plus fine** que $\mathcal{B}'$ si $\mathcal{B}'$ contient $\mathcal{B}$ (quand la bornologie est fine, les ensembles bornés sont petits). Il existe sur E une bornologie plus fine que toutes les autres dans laquelle les ensembles bornés sont les ensembles finis, et une moins fine que toutes les autres dans laquelle E est borné, appelée bornologie **grossière**. On vérifie facilement qu'une intersection de bornologies est encore une bornologie ; en particulier si $\mathcal{A}$ est un ensemble de parties de E , il existe une bornologie plus fine que toutes les autres parmi celles qui contiennent $\mathcal{A}$, appelée **bornologie engendrée par** $\mathcal{A}$; un ensemble borné pour cette dernière est un ensemble contenu dans une réunion finie de points et d'ensembles de $\mathcal{A}$. On dit qu'une partie $\mathcal{A}$ d'une bornologie $\mathcal{B}$ est un **système fondamental de parties bornées** si tout ensemble borné est contenu dans un ensemble de $\mathcal{A}$.

La catégorie des ensembles à bornés a pour objets les ensembles à bornés et pour morphismes les applications bornées. Cette catégorie admet des structures initiales et finales au-dessus de la catégorie des ensembles, des limites projectives et inductives quelconques ; on renvoie à C. Houzel $[3]$ sur ce sujet. Pour ce qui est des limites projectives, disons seulement qu'un système fondamental de parties bornées du produit est constitué par les produits d'ensembles bornés et que si F est une partie d'un ensemble borné E , la **structure induite** par E sur F s'obtient en considérant les ensembles $B \cap F$ où B est un ensemble borné de E . Pour ce qui est des limites inductives, nous n'aurons à considérer que des systèmes inductifs du type suivant : I étant un ensemble ordonné filtrant, $(E_i)_{i \in I}$ est une famille d'ensembles à bornés telle que si $i < j$, E_i est un sous-ensemble de E_j avec une bornologie plus fine ; la limite inductive E des E_i est alors leur réunion, avec comme ensembles bornés les ensembles qui sont contenus dans un E_i et y sont bornés. On écrit $E = \varinjlim_i E_i$.

2. Le cas des ensembles à bornés sans aucune structure algébrique est inintéressant parce qu'on ne peut y définir, comme pour les espaces topologiques, une notion de convergence. Nous allons maintenant considérer des bornologies sur des espaces vectoriels. Pour simplifier, on ne considère que des espaces vectoriels sur $\mathbb{C}$, étant entendu que le lecteur pourra remplacer, s'il le veut, $\mathbb{C}$ par $\mathbb{R}$.

DÉFINITION 3.- **On appelle espace à bornés** [(*)] **un espace vectoriel** E **sur** $\mathbb{C}$ **muni d'une bornologie qui vérifie les trois axiomes qui suivent :**

BV 1) **la somme de deux ensembles bornés est bornée ;**

BV 2) **tout homothétique d'un ensemble borné est borné ;**

[(*)] Pour L. Waelbroeck $[4]$, un espace à bornés est nécessairement séparé. Selon C. Houzel $[3]$, un espace à bornés est appelé espace vectoriel bornologique de type convexe.

BV 3) <u>l'enveloppe disquée (ou convexe équilibrée)</u> [(*)] <u>d'un ensemble borné est bornée.</u>

Les axiomes BV 1), BV 2) et BV 3), privé de l'épithète convexe, expriment que la bornologie est compatible avec la structure vectorielle, c'est-à-dire que les applications $(x,y) \longmapsto x + y$ de $E \times E$ dans E et $(\lambda,x) \longmapsto \lambda x$ de $\mathbb{C} \times E$ dans E sont bornées. Le fait que l'on n'étudie que des structures de type convexe est dû à ce que le calcul symbolique nécessite l'écriture d'intégrales.

<u>Exemples :</u>

Les exemples 1) et 2) sont encore des exemples d'espaces à bornés. En particulier, les ensembles bornés de l'espace $\mathcal{D}$ de Schwartz sont les parties B de $\mathcal{D}$ pour lesquelles il existe un compact K et une suite M_n de nombres positifs tels que pour toute fonction f de B , f soit à support dans K et vérifie $|f^{(n)}| \leq M_n$ pour tout entier n .

Si B est un disque borné d'un espace à bornés, on désigne par E_B l'espace vectoriel engendré par B muni de la jauge de B , qui est la semi-norme $x \longmapsto \inf\{\lambda \in \mathbb{R}_+ | x \in \lambda B\}$. On dit qu'un disque borné est <u>complétant</u> si E_B est un espace normé complet.

L'intérêt de la notion d'espace à bornés est qu'on peut y développer celle de convergence. Soient λ_n une suite de scalaires et x_n une suite de points d'un espace à bornés E . La notation $x_n = O(\lambda_n)$ signifie qu'il existe une suite bornée y_n dans E telle que $x_n = \lambda_n y_n$; la notation $x_n = o(\lambda_n)$ signifie qu'il existe une suite μ_n de scalaires telle que $x_o = O(\mu_n)$ et $\mu_n = o(\lambda_n)$. On dit qu'une suite x_n de E <u>converge vers zéro</u> (ou converge vers zéro au sens de Mackey) si on a $x_n = o(1)$; cela signifie qu'il existe un ensemble borné B tel que pour tout $\varepsilon > 0$, il existe un entier n tel que $m \geq n$ entraîne $x_m \in \varepsilon B$. On dit que x_n converge vers x si $x_n - x$ converge vers zéro, ce que l'on note $x = \lim_{n \to \infty} x_n$; cela signifie encore que x_n converge vers x dans un des espaces semi-normés E_B . De la même façon, on dit qu'une suite x_n de E est une <u>suite de Cauchy</u> (ou une suite de Cauchy-Mackey) si la suite double $x_n - x_p$ converge vers zéro.

Soient E un espace à bornés et A une partie de E ; on appelle <u>adhérence</u> de A (b-adhérence, selon d'autres auteurs), et on note $\bar{A}$, l'ensemble des limites de suites de points de A qui convergent dans E ; on dit que A est <u>fermée</u> (ou b-fermée) si $A = \bar{A}$. Une intersection de parties fermées est encore fermée ; il existe donc une plus petite partie fermée contenant A , qui est appelée <u>fermeture</u> (ou b-fermeture) de A . Il faut remarquer que l'adhérence $\bar{A}$ de A peut ne pas être fermée.

[(*)]
Rappelons qu'une partie A d'un espace vectoriel sur $\mathbb{C}$ est un disque (ou est convexe équilibrée) si pour tout couple (x,y) d'éléments de A et tout couple (λ,μ) d'éléments de $\mathbb{C}$ tel que $|\lambda| + |\mu| \leq 1$, $\lambda x + \mu y$ appartient à A . L'enveloppe disquée (ou convexe équilibrée) d'une partie A est le plus petit ensemble convexe équilibré contenant A ; c'est encore l'ensemble des sommes $\sum_{i \in I} \lambda_i x_i$ où I est fini, x_i appartient à A et les scalaires λ_i sont tels que $\sum_{i \in I} |\lambda_i| \leq 1$.

3. Le but de ce sous-paragraphe est de conduire à la notion d'espace à bornés complet [*].

DÉFINITION 4.- __On dit qu'un espace à bornés__ E __est séparé s'il vérifie les deux conditions équivalentes qui suivent__ :

   (i) E __ne contient pas de droite bornée__ ;

   (ii) $\{0\}$ __est fermé__.

On voit d'abord que si $x \in \{\bar{0}\}$, $x \neq 0$, on a $x = o(1)$, de sorte qu'il existe une suite λ_n de scalaires $\neq 0$ tendant vers zéro telle que la suite $\dfrac{x}{\lambda_n}$ soit bornée, donc aussi son enveloppe équilibrée qui est la droite $\mathbb{C}x$. Inversement, si une droite $\mathbb{C}x$, avec $x \neq 0$, est bornée, on a par exemple $x = 0(\frac{1}{n})$, de sorte que $x \in \{\bar{0}\}$.

Pour dire que E est séparé, on peut encore dire que $\{0\}$ est le plus grand sous-espace vectoriel borné.

DÉFINITION 5.- __On dit qu'un espace à bornés__ E __est semi-complet s'il est séparé et si toute suite de Cauchy de__ E __est convergente__.

Soit E un espace à bornés semi-complet ; pour tout ensemble borné B de E , on désigne par $_\gamma B$ l'ensemble des sommes $\displaystyle\sum_{n \in \mathbb{N}} \lambda_n x_n$ où x_n est une suite de points de B et λ_n une suite de scalaires telle que $\displaystyle\sum_{n \in \mathbb{N}} |\lambda_n| \leq 1$.

DÉFINITION 6.- __On dit qu'un espace à bornés__ E __est complet s'il vérifie les propriétés équivalentes qui suivent__ :

   (i) E __admet un système fondamental de parties bornées constitué de disques complétants__ ;

   (ii) E __est semi-complet et pour tout ensemble borné__ B , $_\gamma B$ __est borné__ ;

   (iii) __pour tout ensemble à bornés grossier__ X , $B(X,E)$ __est semi-complet__.

L'équivalence entre les propriétés (i) et (ii) est immédiate ; on renvoie au mémoire de L. Waelbroeck $[4]$ pour la démonstration de l'équivalence avec (iii).

Remarquons qu'un sous-espace semi-complet d'un espace à bornés séparé est fermé. Inversement, un sous-espace fermé d'un espace à bornés complet est complet.

4. On introduit maintenant la donnée supplémentaire d'une structure multiplicative.

DÉFINITION 7.- __On appelle algèbre à bornés une algèbre sur__ $\mathbb{C}$ __munie d'une structure d'espace à bornés vérifiant en outre l'axiome__ :

   AB) __le produit de deux ensembles bornés est borné__.

L'axiome AB) signifie que la multiplication est une application linéaire bornée de $A \times A$ dans A. On appelle __algèbre complète__ [**] une algèbre à bornés qui est un espace à

---

[*]   Selon certains auteurs, un espace à bornés complet est appelé b-espace.

[**] b-algèbre, selon certains auteurs.

bornés complet ; une telle algèbre est limite inductive, dans la catégorie des espaces à bornés, d'espaces de Banach, mais n'est pas, en général, limite inductive d'algèbres de Banach.

Etant donnée une algèbre à bornés A , un <u>module à bornés</u> sur A est un module E sur A , muni d'une structure d'espace à bornés telle que le produit d'un ensemble borné de A par un ensemble borné de E soit borné, c'est-à-dire que la multiplication $(\lambda,x) \mapsto \lambda x$ de $A \times E$ dans E soit bornée.

Soit maintenant A une algèbre complète ; on appelle <u>idéal complet</u> [*] de A , un idéal bilatère $\mathfrak{b}$ de A muni d'une bornologie plus fine que celle induite par A qui en fasse un bimodule à bornés complet sur A ; autrement dit, $\mathfrak{b}$ est muni d'une structure d'espace à bornés complet telle que le produit d'un ensemble borné de A par un ensemble borné de $\mathfrak{b}$ (et inversement) soit borné dans $\mathfrak{b}$. Lorsque A est à unité, il faut remarquer que si $1 \in \mathfrak{b}$, alors $\mathfrak{b} = A$, avec la structure.

Voici un exemple d'idéal complet : soient A une algèbre complète et $a_1 ,..., a_n$ des éléments du centre de A ; on munit l'idéal $\mathfrak{b}$ engendré par $a_1 ,..., a_n$ de la bornologie dont un système fondamental de parties bornées est constitué par les ensembles $a_1 B_1 +...+ a_n B_n$ où $B_1 ,..., B_n$ sont bornés dans A . Le fait que $\mathfrak{b}$ soit complet résulte de si les $B_1 ,..., B_n$ sont disqués complétants, $a_1 B_1 +...+ a_n B_n$ l'est aussi.

5. Soient E un espace à bornés et F un sous-espace vectoriel de E . On appelle <u>adhérence</u> de F et on note $\bar{F}$ l'espace à bornés défini comme suit : pour tout disque borné B de E , on considère l'adhérence $\overline{F \cap E_B}$ de $F \cap E_B$ dans l'espace semi-normé E_B engendré par B dans E , muni de la jauge de B , puis, B parcourant l'ensemble des disques bornés de E , on prend la limite inductive dans la catégorie des espaces à bornés des espaces semi-normés $\overline{F \cap E_B}$, c'est-à-dire la réunion filtrante des sous-espaces vectoriels $\overline{F \cap E_B}$ de E , munie de la structure dans laquelle un ensemble est borné s'il est contenu dans un $\overline{F \cap E_B}$ et y est borné. Cette définition est compatible avec celle donnée au n° 3 parce que l'ensemble sous-jacent à $\bar{F}$ est exactement l'ensemble des limites de suites de F qui convergent dans E . Des morphismes évidents $\overline{F \cap E_B} \longrightarrow E_B \longrightarrow E$, il résulte un morphisme :

$$\bar{F} = \varinjlim_{B} \overline{F \cap E_B} \longrightarrow E ,$$

ce qui signifie que $\bar{F}$ a une structure plus fine que celle induite par E .

PROPOSITION.- <u>Soient</u> E <u>un espace à bornés et</u> F <u>un sous-espace vectoriel de</u> E ; <u>si</u> E <u>est séparé</u> (resp. <u>complet</u>), $\bar{F}$ <u>l'est aussi.</u>

Remarquons simplement que si E est complet, on peut se limiter aux disques bornés B

---

[*]
    b-idéal selon certains auteurs.

qui sont complétants ; pour ceux-là, $\overline{F \cap E_B}$ est complet, donc aussi $\overline{F}$. En fait, de façon plus précise, $\overline{F}$ s'identifie au complété $\widehat{F}$ de F. On sait, en effet,[*] que le complété de $F = \lim_{\overrightarrow{B}} F \cap E_B$ est l'espace séparé associé à l'espace à bornés $\lim_{\overrightarrow{B}} \widehat{F \cap E_B}$; or, si B est complétant, $\widehat{F \cap E_B}$ s'identifie naturellement à $\overline{F \cap E_B}$, ce qui montre que l'espace $\lim_{\overrightarrow{B}} \widehat{F \cap E_B}$ s'identifie à $\overline{F}$ et est par suite déjà séparé ; le résultat cherché en découle aussitôt.

Il faut remarquer que la structure de $\overline{F}$ est en général strictement plus fine que celle induite par E. Lorsque E est complet, dire que $\overline{F}$ a la structure induite par E, signifie en particulier, puisque $\overline{F}$ est complet, que le sous-espace vectoriel $\overline{F}$ est fermé ; or, on connaît des exemples d'espaces à bornés ayant des sous-espaces dont l'adhérence ne soit pas fermée. Cela montre aussi que l'adhérence de F diffère en général de $\overline{F}$. Inversement, lorsque E possède en outre un système fondamental dénombrable de parties bornées, dès que le sous-espace vectoriel $\overline{F}$ est fermé, $\overline{F}$ a la structure induite par E, d'après le théorème d'homomorphisme [**].

---

[*] [3], chap. 2, § 2, p. 26.
[**] [3], chap. 2, § 3, théorème 3.

$$\S\ 2.-\ \text{FONCTIONS TEMPÉRÉES}$$

On introduit, dans ce paragraphe, des exemples d'espaces à bornés qui serviront à
la construction du calcul symbolique. Ce sont des espaces de fonctions définies sur
un ensemble ouvert de $\mathbb{C}^n$ et à croissance tempérée au bord ; on demande que le produit par une puissance d'une fonction δ donnée soit borné. Il est en fait nécessaire
de contrôler l'exposant en question, ce qui nécessite l'introduction d'une structure
plus riche ; la donnée supplémentaire est une filtration. Ensuite, on régularise la
fonction δ pour la rendre indéfiniment différentiable. Enfin, on compare la définition donnée avec une de L. Hörmander.

1. <u>Filtrations</u>.

Nous nous plaçons tout de suite dans le cas des espaces à bornés complets ; une définition analogue pourrait être donnée dans le cas non complet.

DÉFINITION 1.- <u>On appelle espace à bornés complet filtré un espace à bornés complet</u> E
<u>muni d'une famille</u> $_N\mathcal{B}$ <u>indexée par</u> $\mathbb{Z}\cup\{-\infty\}$ <u>de parties de la bornologie</u> $\mathcal{B}$ <u>de</u> E
<u>vérifiant les axiomes qui suivent</u> :

F 1) <u>la famille</u> $_N\mathcal{B}$ <u>est croissante</u> $(\,_N\mathcal{B}\subset\,_{N'}\mathcal{B}$ <u>si</u> $N\leqslant N'$) ;

F 2) $\mathcal{B}$ <u>est réunion des</u> $_N\mathcal{B}$;

F 3) <u>pour</u> N <u>fixé, la réunion des ensembles de</u> $_N\mathcal{B}$ <u>est un sous-espace vectoriel</u>
$_N E$ <u>de</u> E , <u>et</u> $_N\mathcal{B}$ <u>est une bornologie sur</u> $_N E$ <u>qui en fait un espace à bornés</u>
<u>complet</u>.

On remarquera que, d'après F 3), $\{0\}$ appartient à $_N\mathcal{B}$ pour tout N . Si E est un
espace à bornés complet filtré et B un ensemble borné de E , on définit la <u>filtration</u>
$\vartheta(B)$ de B , en posant :

$$\vartheta(B) = \inf\ \{N\in\mathbb{Z}\cup\{-\infty\}\mid B\in\,_N\mathcal{B}\ \}\ .$$

La filtration ϑ a les propriétés qui suivent, qui sont prises comme définition par
L. Waelbroeck $[4]$:

$f_1)\quad \vartheta(B_1\cup B_2) = \sup(\vartheta(B_1),\ \vartheta(B_2))$;

$f_2)\quad \vartheta(\lambda_1 B_1 + \lambda_2 B_2) \leqslant \sup(\vartheta(B_1),\ \vartheta(B_2))$;

$f_3)\quad \vartheta(\{0\}) = -\infty$;

$f_4)\quad \vartheta(_\gamma B) = \vartheta(B)$.

On peut montrer que si E est un espace à bornés complet et ϑ une application de sa
bornologie $\mathcal{B}$ dans $\mathbb{Z}\cup\{-\infty\}$ qui vérifie $f_1)$, $f_2)$, $f_3)$ et $f_4)$, si on pose $_N\mathcal{B} =$
$\{B\in\mathcal{B}\mid \vartheta(B)\leqslant N\}$, les axiomes F 1), F 2) et F 3) sont satisfaits. Il revient au
même de se donner sur E une famille $_N\mathcal{B}$ ou une filtration ϑ . Il reviendrait encore
au même de se donner la famille des $_N E$ avec leur structure ; un espace à bornés com-

plet filtré serait la donnée d'un système inductif $_N E$ indexé par $\mathbb{Z} \cup \{-\infty\}$ d'espaces à bornés complets avec des morphismes injectifs.

Il faut remarquer que la filtration $\mathcal{D}$ est définie sur $\mathcal{B}$ et non sur E . La _filtration_ $\mathcal{D}(x)$ d'un élément x de E est définie par abus de langage en posant $\mathcal{D}(x) = \mathcal{D}(\{x\})$.

Soient $E_1 ,\ldots, E_m$, F des espaces à bornés complets filtrés et f une application multilinéaire de $E_1 \times \ldots \times E_m$ dans F . _La filtration_ $\mathcal{D}(f)$ de f est le plus petit élément N de $\mathbb{Z} \cup \{-\infty\}$ (lorsqu'il existe) tel que l'on ait, chaque fois que $B_1 ,\ldots, B_m$ sont bornés dans $E_1 ,\ldots, E_m$:

$$\mathcal{D}(f(B_1 ,\ldots, B_m)) \le N + \sum_{i=1}^{m} \mathcal{D}(B_i) \ .$$

Une algèbre complète filtrée est une algèbre complète A munie d'une structure d'espace à bornés complet filtré ayant même bornologie sous-jacente telle que la multiplication $A \times A \longrightarrow A$ soit de filtration négative. Il revient au même de dire que l'on a $_N \mathcal{B} \cdot {}_{N'} \mathcal{B} \subset {}_{N+N'} \mathcal{B}$, ou $\mathcal{D}(B_1 B_2) \le \mathcal{D}(B_1) \mathcal{D}(B_2)$, ou encore que la multiplication est une application bornée de $_N E \times {}_{N'} E$ dans $_{N+N'} E$. On définit de façon analogue les modules filtrés.

2. Fonctions tempérées.

Si $x = (x_1 ,\ldots, x_n)$ est un point de $\mathbb{R}^n$, on désigne par $|x|$ sa norme euclidienne. On pose $\delta_o(x) = (1 + |x|^2)^{-1/2}$.

DÉFINITION 2.- _Soit_ δ _une fonction numérique positive sur_ $\mathbb{R}^n$. _Un ensemble_ B _d'applications de l'ensemble_ $\complement \bar{\delta}^1(\{0\})$ _dans un espace à bornés_ E _est dit_ δ _-tempéré, s'il existe un entier_ N _tel que_ $\delta(x)^N f(x)$ _reste borné dans_ E _indépendamment de_ $f \in B$ _et_ $x \in \complement \bar{\delta}^1(\{0\})$. _Une application_ f _est dite_ δ _-tempérée si l'ensemble réduit à_ f _l'est._

L'ensemble des applications δ -tempérées à valeurs dans un espace à bornés E est un espace vectoriel que l'on note $\mathcal{C}(\delta, E)$. On munit $\mathcal{C}(\delta, E)$ d'une structure d'espaces à bornés en considérant les ensembles δ -tempérés d'applications. Si E est complet, $\mathcal{C}(\delta, E)$ est alors complet, car un système fondamental de parties bornées de $\mathcal{C}(\delta, E)$ est constitué par les ensembles d'applications f de $\complement \bar{\delta}^1(\{0\})$ dans E qui vérifient pour tout $x \in \complement \bar{\delta}^1(\{0\})$:

$$\delta^N(x) f(x) \in B \ ,$$

où N est un entier et B un ensemble borné de E , et si B est un disque complétant, il en est de même de l'ensemble considéré. On fait enfin de $\mathcal{C}(\delta, E)$ un espace à bornés complet filtré en prenant pour $_N \mathcal{B}$, si $N \in \mathbb{Z} \cup \{-\infty\}$, l'ensemble des ensembles B d'applications δ -tempérées tels que $\delta^N(x) f(x)$ soit borné dans E indépendamment de $x \in \complement \bar{\delta}^1(\{0\})$ et de $f \in B$.

Soient E_1 ,..., E_m , F des espaces à bornés complets et f une application multilinéaire de $E_1 \times \ldots \times E_m$ dans F . Si u_1 ,..., u_n sont des·fonctions de $\mathscr{C}(\delta ,E_1)$,..., $\mathscr{C}(\delta ,E_m)$, posons :

$$f^*(u_1 ,\ldots, u_m)(x) = f(u_1(x) ,\ldots, u_m(x)) .$$

On vérifie aisément que f^* définit une application multilinéaire bornée, et de filtration négative de $\mathscr{C}(\delta ,E_1) \times \ldots \times \mathscr{C}(\delta ,E_m)$ dans $\mathscr{C}(\delta ,F)$. En particulier, si A est une algèbre complète, $\mathscr{C}(\delta ,A)$ est muni naturellement d'une structure d'algèbre complète filtrée. Si $A = \mathbb{C}$, on écrira simplement $\mathscr{C}(\delta)$ au lieu de $\mathscr{C}(\delta ,\mathbb{C})$.

Si maintenant δ' est une fonction numérique positive sur $\mathbb{R}^p$, on peut considérer la fonction $\delta \otimes \delta' : (x,y) \longmapsto \delta(x) \delta'(y)$ sur $\mathbb{R}^n \times \mathbb{R}^p$. Pour tout espace à bornés E , les espaces à bornés $\mathscr{C}(\delta, \mathscr{C}(\delta',E))$ et $\mathscr{C}(\delta \otimes \delta',E)$ sont canoniquement isomorphes. Leurs filtrations, en revanche, sont différentes.

3. Fonctions différentiables tempérées.

Ici r désigne un entier $\geqslant 0$. Soit δ une fonction numérique positive lipschitzienne sur $\mathbb{R}^n$ telle que $|x| \delta(x)$ soit borné indépendamment de $x \in \mathbb{R}^n$.

Dans ce sous-paragraphe, on aurait pu supposer δ seulement semi-continu inférieurement, mais par la suite, et dès le n° 4, la condition de Lipschitz apparaîtra fondamentale ; en fait, on verra au paragraphe 3 qu'elle est liée de façon naturelle à la théorie spectrale. On suppose la fonction $x \longrightarrow |x| \delta(x)$ bornée pour que les fonctions coordonnées soient tempérées ; cela correspond aussi à une compactification de $\mathbb{R}^n$.

Soit d'abord E un espace de Banach. Une application f de $\left[\bar{\delta}^1(\{0\})\right.$ dans E est dite une application r <u>fois différentiable</u> δ <u>-tempérée</u> si f possède des dérivées continues jusqu'à l'ordre r qui sont δ-tempérées. L'ensemble des applications r fois différentiables δ-tempérées est un espace vectoriel noté $\mathscr{C}_r(\delta ,E)$. Un ensemble B d'applications de $\mathscr{C}_r(\delta ,E)$ est dit borné si l'ensemble des dérivées d'ordre inférieur ou égal à r d'applications de B est borné dans $\mathscr{C}(\delta ,E)$. Pour cette structure, $\mathscr{C}_r(\delta ,E)$ est un espace à bornés complet. On munit enfin $\mathscr{C}_r(\delta ,E)$ d'une structure d'espace à bornés complet filtré en prenant pour $_N\mathscr{B}_r$, si $N \in \mathbb{Z} \cup \{-\infty\}$, l'ensemble des parties bornées B de $\mathscr{C}_r(\delta ,E)$ telles que pour tout entier $r' \leqslant r$, l'ensemble des dérivées d'ordre r' d'applications de B appartienne à $_{N+r'}\mathscr{B}$ dans $\mathscr{C}(\delta ,E)$. Autrement, si $\mathcal{D}_r$ désigne la filtration de $\mathscr{C}_r(\delta ,E)$, la relation $\mathcal{D}_r(B) \leqslant N$ équivaut à l'ensemble des relations :

$$\mathcal{D}(B_{r'}) \leqslant N + r' \quad , \quad r' = 0 ,\ldots, r$$

où $B_{r'}$ est l'ensemble des dérivées d'ordre r' d'applications de B .

Si maintenant E est un espace à bornés quelconque, on définit $\mathscr{C}_r(\delta ,E)$ en posant :

$$\mathscr{C}_r(\delta ,E) = \varinjlim_{B} \mathscr{C}_r(\delta ,E_B)$$

où B parcourt l'ensemble des parties convexes équilibrées complétantes de E . Cette limite inductive est une réunion filtrante ; $\mathscr{C}_r(\delta,E)$ est un espace à bornés complet. On munit $\mathscr{C}_r(\delta,E)$ d'une structure d'espace à bornés complet filtré de la façon suivante: un ensemble borné de $\mathscr{C}_r(\delta,E)$ est de filtration inférieure ou égale à N s'il est contenu dans $\mathscr{C}_r(\delta,E_B)$ et de filtration inférieure ou égale à N dans $\mathscr{C}_r(\delta,E_B)$ pour un ensemble borné convexe équilibré complétant de E . Enfin, il est immédiat que si E est un espace de Banach, la définition que l'on vient de donner coïncide avec la première.

La dérivation partielle $\dfrac{\partial}{\partial x_i}$ est une application linéaire bornée de $\mathscr{C}_r(\delta,E)$ dans $\mathscr{C}_{r-1}(\delta,E)$ de filtration inférieure ou égale à $+1$. C'est clair lorsque E est un espace de Banach ; dans le cas général, on doit vérifier que $\dfrac{\partial f}{\partial x_i}$ ne dépend pas de l'espace E_B tel que $f \in \mathscr{C}_r(\delta,E_B)$, ce qui est facile du fait que le système E_B est filtrant. Notons le critère de récurrence commode suivant : un ensemble B est borné de filtration inférieure ou égale à N dans $\mathscr{C}_r(\delta,E)$ si B est borné de filtration inférieure ou égale à N dans $\mathscr{C}(\delta,E)$ et si l'ensemble B_1 des dérivées partielles d'éléments de E est borné de filtration inférieure ou égale à $_{k+1}$ dans $\mathscr{C}_{r-1}(\delta,E)$.

Si $E_1,\ldots,E_m$, F sont des espaces à bornés complets et si f est une application multilinéaire de $E_1 \times \ldots \times E_m$ dans f , l'application f^* est une application multilinéaire bornée de filtration négative de $\mathscr{C}_r(\delta,E_1) \times \ldots \times \mathscr{C}_r(\delta,E_m)$ dans $\mathscr{C}_r(\delta,F)$; la démonstration se fait par récurrence sur r à partir de la formule :

$$\frac{\partial}{\partial x_i} f^*(u_1,\ldots,u_m) = \sum_{p=1}^{m} f^*\left(u_1,\ldots,u_{p-1},\frac{\partial u_k}{\partial x_i},u_{p+1},\ldots u_m\right).$$

Si A est une algèbre complète, $\mathscr{C}_r(\delta,A)$ est donc une algèbre complète filtrée. Lorsque $A = \mathbb{C}$, cette algèbre est notée simplement $\mathscr{C}_r(\delta)$.

4. <u>Régularisation de δ</u> .

On montre, dans ce paragraphe, que l'on peut trouver une fonction numérique positive δ' sur $\mathbb{R}^n$ qui soit lipschitzienne, telle que la fonction $x \mapsto |x|\,\delta(x)$ soit bornée, indéfiniment dérivable dans l'ensemble ouvert $\complement\,\bar{\delta}^{\,1}(\{0\})$ et telle que les espaces à bornés filtrés $\mathscr{C}_r(\delta,E)$ et $\mathscr{C}_r(\delta',E)$ soient identiques pour tout entier r et tout espace à bornés complet E . La démonstration de L. Waelbroeck [4] paraissant compliquée, indiquons la démonstration suivante de C. Wrobel :

Soit φ une fonction numérique positive indéfiniment dérivable dans $\mathbb{R}^n$ à support contenu dans la boule unité et telle que $\int \varphi(x)dx = 1$. Pour tout entier p , soit φ_p la fonction $x \mapsto 2^{np}\varphi(2^p x)$ et soit χ_p la fonction caractéristique de l'ensemble ouvert $\delta^{-1}(]2^{-p},\infty[)$. Supposons, pour simplifier, f lipschitzienne dans le rapport 1 et posons :

$$\delta' = \sum_{p \in \mathbb{N}} 2^{-p}\,\chi * \varphi_{p+2} \ .$$

Il est d'abord clair que cette série est convergente, d'après la majoration :

$$\| \chi_p * \varphi_{p+2} \|_\infty \leq \| \chi_p \|_\infty \, \| \varphi_{p+2} \|_1 \leq 1 \ .$$

D'autre part, si $\delta(x) > 2^{-p}$, on a :

$$\delta'(x) \geq 2^{-p-1} (\chi_{p+1} * \varphi_{p+3})(x) \ ,$$

d'où, comme on le voit aussitôt, $\delta'(x) \geq 2^{-p-1}$. Inversement, si $\delta(x) < 2^{-p}$, on a $(\chi_q * \varphi_{q+2})(x) = 0$ pour $q < p$, de sorte que :

$$\delta'(x) = \sum_{q \geq p} 2^{-q} (\chi_q * \varphi_{q+2})(x)$$

d'où $\delta'(x) \leq 2^{-p+1}$. On a donc $\delta' < 4\delta$ et $\delta < 4\delta'$, ce qui prouve que les espaces à bornés filtrés $\mathcal{C}_r(\delta,E)$ et $\mathcal{C}_r(\delta',E)$ sont toujours identiques.

Si maintenant D est une dérivation partielle d'ordre r , on a :

$$D\delta' = \sum_{p \in \mathbb{N}} 2^{-p} \, \chi_p * D\varphi_{p+2} \ ,$$

où

$$D\varphi_{p+2}(x) = 2^{(p+2)} \, D\varphi(2^{p+2} x) \ ,$$

la série étant toujours convergente puisqu'elle ne contient localement qu'un seul terme. La fonction $\delta^{r-1} D\delta'$ est bornée, ce qui signifie que δ' a une filtration au plus égale à $r-1$ dans $\mathcal{C}(\delta,E)$ et donc que δ' a une filtration au plus égale à -1 dans $\mathcal{C}_r(\delta,E)$. En particulier, les dérivées partielles d'ordre 1 de δ' sont bornées ; cela, joint au fait que $\delta' < 4\delta$, montre que la fonction obtenue en prolongeant δ' par 0 en dehors de $\left[\bar{\delta}^1(\{0\}) \right.$ est lipschitzienne sur $\mathbb{R}^n$.

La fonction δ'^{r+1} a une filtration inférieure ou égale à $-r-1$; ses dérivées partielles jusqu'à l'ordre r tendent donc vers zéro au bord de l'ouvert $\left[\bar{\delta}^1(\{0\}) \right.$. Par suite, la fonction δ'^{r+1} est r fois continuement dérivable sur $\mathbb{R}^n$. Les espaces à bornés associés à δ et δ'^{r+1} sont encore isomorphes mais ont des filtrations différentes.

5. L. Hörmander $[2]$ considère une fonction positive δ sur $\mathbb{R}^n$ telle que les polynômes appartiennent à $\mathcal{C}(\delta)$ et qu'il existe quatre constantes strictement positives ε_1 , ε_2 , k_1 , k_2 telles que pour tout couple (x,y) de $\mathbb{R}^n \times \mathbb{R}^n$ tel que $\delta(x) > 0$ et $|x-y| \leq \varepsilon_1 \, \delta^{k_1}(x)$, on ait $\delta(y) \geq \varepsilon_2 \, \delta^{k_2}(x)$ (*). Il est alors connu

---

(*)
En fait, L. Hörmander considère une fonction φ sur un ouvert S , et ce que nous appelons δ est la fonction $e^{-\varphi}$ prolongée par 0 en dehors de S ; d'autre part, L. Hörmander considère $\mathbb{C}^n$ au lieu de $\mathbb{R}^n$, mais cela n'est qu'un détail.

que δ est équivalente à une fonction δ' positive, lipschitzienne sur $\mathbb{R}^n$ et telle que la fonction $x \longmapsto |x| \delta'(x)$ soit bornée, dans le sens suivant :

DÉFINITION 3.- <u>Soient</u> δ_1 , δ_2 <u>deux fonctions positives sur</u> $\mathbb{R}^n$; <u>on dit que</u> δ_1 <u>et</u> δ_2 <u>sont équivalentes s'il existe deux constantes strictement positives</u> ε , k <u>telles que</u> $\delta_1 \geqslant \varepsilon \delta_2^k$ <u>et</u> $\delta_2 \geqslant \varepsilon \delta_1^k$.

Si δ est lipschitzienne, la condition de L. Hörmander est satisfaite avec $k_1 = k_2 = 1$. Voici une démonstration de la réciproque, due à C. Wrobel : on commence par remplacer ε_1 et ε_2 par une constante strictement positive ε telle que $\varepsilon < \mathrm{Min}(\varepsilon_1, \varepsilon_2, 1)$ et k_1 , k_2 par une constante k telle que $k > \mathrm{Max}(k_1, k_2, 1)$. On considère ensuite la suite d'ouverts emboîtés définie par :

$$S_p = \bar{\delta}^1 \left(\, \right] \varepsilon^{\frac{k^p - 1}{k-1}} \, , \, + \infty \left[\, \right) ,$$

et on pose pour tout point x de $S_p - S_{p-1}$,

$$\delta'(x) = \varepsilon^{\frac{k^p - 1}{k-1}} + \left(\varepsilon^{\frac{k^p - 1}{k-1}} - \varepsilon^{\frac{k^{p+1} - 1}{k-1}} \right) d(x, S_{p-1}) \Big/ d(x, S_{p-1}) + d(x, \complement S_p) .$$

Si $y \in S_{p-1}$, on a $\varepsilon^{\frac{k^{p-1} - 1}{k-1}} < \delta(y)$, d'où, si $x \in \complement S_p$:

$$\varepsilon \delta^k(y) > \varepsilon^{\frac{k^p - 1}{p-1}} \geqslant \delta(x) ,$$

et par suite :

$$|x-y| > \varepsilon \delta^k(y) > \varepsilon^{\frac{k^p - 1}{k-1}} ,$$

ce qui montre que $d(S_{p-1}, \complement S_p) \geqslant \varepsilon^{\frac{k^p - 1}{k-1}}$; on vérifie alors aisément que δ' , prolongée par 0 en dehors de l'ouvert $\complement \bar{\delta}^1(\{0\})$, est lipschitzienne dans le rapport 1 et que :

$$\varepsilon^{k+1} \delta^k(x) \leqslant \delta'(x) \leqslant \delta(x) .$$

*
*   *

§ 3.- LE SPECTRE DE WAELBROECK

On définit le spectre d'éléments d'une algèbre complète commutative à unité A .
On étudie d'abord le cas particulier des ensembles spectraux pour un seul élément
a . Ensuite, on définit les fonctions spectrales pour des éléments a_1 ,..., a_n ,
puis les fonctions spectrales modulo un idéal complet $\flat$. On donne enfin une idée
de la façon dont on régularise les coefficients. Tout ce qui suit est issu du mémoire
de L. Waelbroeck [4] .

1. Ensembles spectraux.

Soit A une algèbre complète à unité et a un élément du centre de A ; disons qu'une
partie S de $\mathbb{C}$ est spectrale pour a si l'inverse $(a-s)^{-1}$ de a-s existe pour s
dans $\complement S$ et est borné sur $\complement S$. Si A est une algèbre de Banach, on vérifie aussitôt
que pour qu'un ensemble S soit spectral pour a , il faut et il suffit qu'il soit un
voisinage du spectre de a . Dans le cas général, on peut vérifier (mais ce sera une conséquence de résultats qui seront établis dans un cadre encore plus général) que :

    a. l'intérieur d'un ensemble spectral est un ensemble spectral ;

    b. tout ensemble contenant un ensemble spectral est un ensemble spectral ;

    c. l'intersection de deux ensembles spectraux est un ensemble spectral.

On verra, d'autre part, que l'ensemble vide n'est pas spectral pour a : c'est une
extension du théorème de Gelfand-Mazur ; les ensembles spectraux constituent donc un filtre à base ouverte sur $\mathbb{C}$. Le spectre "algébrique" n'est autre que l'intersection de ce
filtre. On pourrait encore donner le nom de spectre à l'intersection des ensembles spectraux fermés, c'est-à-dire à l'adhérence du filtre, mais cette notion n'est pas intéressante, car, d'une part, il se peut qu'il y ait un plus petit ensemble spectral ouvert et,
d'autre part, le spectre "algébrique" peut être fermé sans que le filtre soit constitué
de tous les voisinages de cet ensemble.

2. Fonctions spectrales.

On désigne par s_i la $i^{\text{ème}}$ projection de $\mathbb{C}^n$ et par $s = (s_1 ,..., s_n)$ l'applica-
tion identique de $\mathbb{C}^n$; on note δ_o la fonction $(1 + |s|^2)^{-1/2}$ où $|s|^2 =$
$|s_1|^2 + ... + |s_n|^2$. La fonction δ_o est lipschitzienne et telle que $|s| \delta_o$ soit
bornée. On considère, d'autre part, une algèbre commutative à unité A et des éléments
a_1 ,..., a_n de A ; on pose $a = (a_1 ,..., a_n)$.

DÉFINITION 1.- Soit δ une fonction numérique positive bornée sur $\mathbb{C}^n$. On dit que
δ est spectrale pour a si l'idéal engendré par a_1-s_1 ,..., a_n-s_n et δ dans
$\mathfrak{C}(\delta_o,A)$ est impropre (c'est-à-dire égal à $\mathfrak{C}(\delta_o,A)$).

Pour que cet idéal soit impropre, il faut et il suffit qu'il contienne 1 , c'est-à-dire qu'il existe des fonctions $u_1, \ldots, u_n, y_o$ dans $\mathcal{C}(\delta_o, A)$ telles que :

$$(1) \qquad (a_1 - s_1)u_1 + \ldots + (a_n - s_n)u_n + \delta\, y_o = 1 \,,$$

c'est-à-dire, en oubliant la convention faite sur s_1, que l'on puisse trouver pour tout point s de $\mathbb{C}^n$ des éléments $u_1(s), \ldots, u_n(s), y_o(s)$ dans A qui vérifient :

$$(a_1 - s_1)u_1(s) + \ldots + (a_n - s_n)u_n(s) + \delta(s)y_o(s) = 1,$$

de façon que lorsque s varie, ces éléments soient δ-tempérés, i.e. qu'il existe un entier N tel que $\delta_o^N(s)u_1(s), \ldots, \delta_o^N(s)u_n(s), \delta_o^N(s)y_o(s)$ soient bornés dans A. Là encore, pour alléger l'écriture, on pose $u = (u_1, \ldots, u_n)$ et

$$< a-s , u > = (a_1 - s_1)u_1 + \ldots + (a_n - s_n)u_n \,.$$

Le <u>spectre</u> de a est l'ensemble des fonctions spectrales pour a ; on le note $\Delta(a;A)$.

<u>Exemple</u> : lorsque $n = 1$, si S est un ensemble spectral pour a, la fonction caractéristique χ_S de S est spectrale pour a, comme on le voit en posant $u(s) = (a-s)^{-1}$ lorsque $s \notin S$ et $u(s) = 0$ lorsque $s \in S$.

PROPOSITION 1.- <u>Le spectre</u> $\Delta(a;A)$ <u>a les propriétés suivantes</u> :

a) $\delta_o \in \Delta(a;A)$;

b) <u>si</u> $\delta \in \Delta(a;A)$, <u>pour tout</u> $\varepsilon > 0$ <u>et tout entier</u> $N > 0$, $\varepsilon\,\delta^N \in \Delta(a;A)$;

c) <u>si</u> $\delta \in \Delta(a;A)$ <u>et si</u> $\delta' \geqslant \delta$, <u>alors</u> $\delta' \in \Delta(a;A)$;

d) <u>si</u> $\delta_1 \in \Delta(a;A)$ <u>et</u> $\delta_2 \in \Delta(a;A)$, $\mathrm{Min}(\delta_1, \delta_2) \in \Delta(a;A)$.

Le point a) se voit aussitôt en prenant $u = 0$ et $y = 1/\delta_o$. On obtient une partie de b) et c) en remplaçant y respectivement par y/ε et $\frac{\delta}{\delta'}\,y$.

Pour obtenir le point d) si E est l'ensemble des points où $\delta_2 > \delta_1$ et χ_E la fonction caractéristique de E, il suffit de prendre $u = u_1 + \chi_E(u_2 - u_1)$ et $y_o = y_{o,1} + \chi_E(y_{o,2} - y_{o,1})$. Il reste seulement à vérifier que si δ est spectrale, δ^N l'est aussi, ce que l'on voit en élevant à la puissance N l'égalité (1), ce qui donne :

$$(a_1 - s_1)p_1(u, \delta y) + \ldots + (a_n - s_n)p_n(u, \delta y) + \delta^N y_o^N = 1$$

où $p_1, \ldots, p_n$ sont des polynômes à coefficients dans $\mathbb{C}$.

3. Régularisation des fonctions spectrales.

Pour les nécessités du calcul symbolique, il faudra se ramener au cas où les fonctions $u_1, \ldots, u_n, \delta y_o$ sont suffisamment différentiables sur $\mathbb{R}^{2n}$. On verra, en effet, que le calcul symbolique est défini pour toute fonction f holomorphe δ-tempérée par la formule suivante dans laquelle k est un entier assez grand

$$f(a) = \frac{1}{(2\pi i)^n} \int_{\mathbb{R}^{2n}} \frac{(n+k)!}{k!}\, f(s)\, (\delta\, y_o)^k\, d''u_1 \ldots d''u_n\, ds_1 \ldots ds_n\,.$$

Le premier pas est la régularisation de δ ; nous allons voir qu'il est possible de se ramener au cas où δ est r fois différentiable, pour tout entier positif r donné.

DÉFINITION 2.- <u>Une partie</u> Δ <u>de</u> $\Delta(a;A)$ <u>est dite une base du spectre de</u> a <u>si pour toute fonction</u> $\delta \in \Delta(a;A)$, <u>il existe</u> $\delta' \in \Delta$ <u>telle que</u> $\delta' \leq \delta$.

PROPOSITION 2.- <u>Soit</u> r <u>un entier positif</u> ; $\Delta_r(a;A) = \Delta(a;A) \cap_{-1} \mathscr{C}_r(\delta_0)$ <u>est une base du spectre de</u> a .

Soit, en effet $\delta \in \Delta(a;A)$; le point délicat est de montrer qu'il existe une fonction $\delta_1 \in \Delta(a;A)$ telle que $\delta_1 \leq \delta$ et qui soit lipschitzienne. En effet, il suffit ensuite de poser $\delta_2 = \text{Min}(\delta_1 , \delta_0)$; d'après les points a) et d), $\delta_2 \in \Delta(a;A)$ et il est clair que δ_2 est lipschitzienne et que la fonction $|s| \delta_2$ est bornée. Il existe alors, d'après le § 2, une fonction δ' indéfiniment dérivable sur l'ouvert $\complement\, \bar{\delta}_2^1 (\{0\})$, telle que $1/4 \delta_2 < \delta' < 4 \delta_2$ et que la fonction δ'^{r+1} , prolongée par zéro en dehors de l'ouvert $\complement\, \bar{\delta}_2^1 (\{0\})$, ait la filtration -1 au plus dans $\mathscr{C}_r(\delta_0)$. Comme

$$\delta' \geq 1/4 \delta_2 , \quad \delta'^{r+1} \text{ appartient à } \Delta(a;A) , \text{ donc aussi } \quad \dfrac{\delta'^{r+1}}{4^{r+1} \; \sup\limits_{s \in \mathbb{C}^n} |\delta_2(s)|} \quad \text{et}$$

cette dernière fonction convient.

Il s'agit donc de trouver δ_1 ; on la définit en posant :

$$\delta_1(s) = \inf_{s' \in \mathbb{C}^n} (\delta(s') + |s-s'|) ;$$

δ_1 est la plus grande minorante de δ qui soit lipschitzienne dans le rapport 1 . Pour montrer que $\delta_1 \in \Delta(a;A)$, il faut trouver $U_1 , \dots, U_n , Y_0$ dans $\mathscr{C}(\delta_0,A)$ de façon que :

$$\langle a-s , U \rangle + \delta_1 Y_0 = 1 .$$

Nous allons obtenir U , Y_0 par un passage à la limite. Posons pour tout entier k :

$$U_k(s) = u(s_k)$$

et :

$$Y_{0,k}(s) = \dfrac{\langle s-s_k , u(s_k) \rangle + \delta(s_k) \, y_0(s_k)}{\delta_1(s) + 2^{-k}} ,$$

où s_k est choisi de façon que :

$$\delta_1(s) + 2^{-k} \geq \delta(s_k) + |s-s_k| .$$

On vérifie que les suites $U_{1,k} , \dots, U_{n,k} , Y_{0,k}$ sont des suites bornées de $\mathscr{C}(\delta_0,A)$. En effet, on a, d'une part :

$$U_k(s) \delta_0^N(s) = \dfrac{\delta_0^N(s)}{\delta_0^N(s_k)} \, u(s_k) \delta_0^N(s_k)$$

et $\dfrac{\delta_o^N(s)}{\delta_o^N(s_k)}$ est borné, car $|s-s_k|$, qui est majoré par $\delta_1(s) + 2^{-k}$, l'est, et,

d'autre part :

$$Y_{o,k}(s) = \frac{<s-s_k \ , \ U_{o,k}(s)> + \delta(s_k)\, y_o(s_k)}{\delta_1(s) + 2^{-k}}$$

et $\dfrac{|s-s_k|}{\delta_1(s) + 2^{-k}} \leq 1$, $\dfrac{\delta(s_k)}{\delta_1(s) + 2^{-k}} \leq 1$.

On obtient enfin par un calcul simple :

$$<a-s \ , \ U_k> + \delta_1 Y_{o,k} = 1 - 2^{-k} Y_{o,k} .$$

Le résultat cherché va découler du lemme suivant :

LEMME FONDAMENTAL.- _Soient_ A _une algèbre complète à unité et_ I _un idéal complet de_ A . _On suppose qu'il existe une suite_ u_r _d'éléments de_ I _telle que_ $u_r = O_I(k_1^r)$ _et que_ $y_r = 1 - u_r = O_A(k_2^{-r})$ _avec_ $k_2 > 1$; _alors_ I _est impropre_ (I = A) .

Nous allons démontrer ce lemme dans le cas particulier suivant qui nous suffira pour le moment :

COROLLAIRE.- _Soient_ A _une algèbre complète à unité et_ I _un idéal complet de_ A . _S'il existe une suite_ u_r _d'éléments de_ I , _bornée dans_ I , _telle que_ $y_r = 1 - u_r$ _tende vers zéro dans_ A , _alors_ I _est impropre._

On extrait d'abord une suite de façon que $y_r = O_A(k^{-r})$ avec $k > 1$. Le terme général de la série $u_{r+1} y_r - y_{r+1} u_r$ est $O_I(1)\, O_A(k^{-r})$, donc $O_I(k^{-r})$, ce qui montre que la série converge dans I . Or : $u_{r+1} y_r - y_{r+1} u_r = u_{r+1} - u_r$ et $\sum_{r \in \mathbb{N}} (u_{r+1} - u_r) = 1-u_1$, ce qui montre que 1 appartient à I .

La démonstration générale se fait de la même façon avec $U_r = u_r(1 + y_r + \ldots + y_r^{N-1})$ et $Y_r = y_r^N$ où N est tel que $k_2^N > k_1$.

Appliquons maintenant le lemme fondamental : l'idéal I engendré dans $\mathscr{C}(\delta_o, A)$ par $a_1-s_1 , \ldots, a_n-s_n , \delta_1$ est complet et si $u_k = <a-s \ , \ U_k> + \delta_1 Y_k$, on a $u_k = O_I(1)$, $1-u_k = O_A(2^{-k})$, ce qui prouve que I est impropre et donc que $\delta_1 \in \Delta(a;A)$.

Remarque : Toute la difficulté vient du fait que l'on n'a pas supposé δ semi-continue inférieurement ; en effet, dans ce cas, si $\delta(s) > 0$, on a encore $\delta'(s) > 0$ et si s' est tel que $\delta(s') + |s-s'| < 2\delta(s)$, on a :

$$<a-s \ , \ u(s')> + <s-s' \ , \ u(s')> + \delta(s')\, y_o(s') = 1$$

soit :

$$<a-s \ , \ u(s')> + \delta(s) \left(<\frac{s-s'}{\delta(s)} \ , \ u(s')> + \frac{\delta(s')}{\delta(s)}\, y_o(s') \right) = 1 .$$

Pour prouver que la régularisée semi-continue inférieurement de δ est encore spectrale, on doit utiliser le lemme fondamental, mais dans beaucoup d'exemples, la fonction est déjà semi-continue inférieurement.

4. Régularisation des coefficients.

Soit $\delta \in \Delta_r(a;A)$. On peut trouver des fonctions $U_1 ,\ldots, U_n$, Y_o dans $\mathscr{C}_r(\delta_o,A)$ telles que $\langle a-s , U \rangle + \delta Y_o = 1$. On introduit, pour cela, l'algèbre complète $A_1 = \mathscr{C}(\delta_o , \mathscr{C}_r(\delta_o,A))$; les fonctions de A_1 s'identifient à des fonctions de deux variables s , t différentiables en t (s est la première projection de $\mathbb{C}^n \times \mathbb{C}^n$, t la seconde) et on identifie $\mathscr{C}(\delta_o,A)$ aux fonctions de A_1 qui ne dépendent pas de t . Considérons l'idéal I_1 de A_1 engendré par $a_1-t_1 ,\ldots, a_n-t_n$, $\delta(t)$, $s_1-t_1 ,\ldots, s_n-t_n$. Comme I_1 contient $a_1-s_1 ,\ldots, a_n-s_n$ et aussi $\delta(s)$ puisque $\delta(s) - \delta(t)$ appartient à l'idéal engendré par $s_1-t_1 ,\ldots, s_n-t_n$ dans $\mathscr{C}_r(\delta_o \otimes \delta_o) \subset A_1$, I_1 est impropre. Il existe donc des $u_1 ,\ldots, u_n$, $w_1 ,\ldots, w_n$, y_o dans A_1 qui vérifient :

$$\langle a-t , u \rangle + \delta(t) \, y_o + \sum (s_i-t_i) \, w_i = 1$$

d'où, en élevant à la puissance $r+1$ et en rebaptisant les termes :

$$\langle a-t , u \rangle + \delta(t) \, y_o + \sum (s_i-t_i)^{r+1} \, w_i = 1 \ .$$

Si P désigne l'ensemble $\mathbb{Z}^n + i \, \mathbb{Z}^n$ dans $\mathbb{C}^n$, on choisit une fonction φ indéfiniment dérivable à support compact sur $\mathbb{C}^n$ telle que $\sum_{p \in P} \varphi(s-p) = 1$.

(Si φ est ≥ 0 et non nulle sur $\left[-\frac{1}{2} , \frac{1}{2} \right]^n + i \left[-\frac{1}{2} , \frac{1}{2} \right]^n$, on peut prendre $\varphi(s) \bigg/ \sum_{p \in P} \varphi(s-p)$). On pose alors, pour tout entier positif k :

$$U_k(t) = \sum_{p \in P} \varphi(2^k t - p) \, u(2^{-k} p , t)$$

$$Y_{o,k}(t) = \sum_{p \in P} \varphi(2^k t - p) \, y_o(2^{-k} p , t) \ .$$

On obtient, par un calcul facile :

$$\langle a-t , U_k(t) \rangle + \delta(t) \, Y_{o,k}(t) = 1 - 2^{-(r+1)k} \sum_{i=1}^{n} W_{i,k}(t)$$

où :

$$W_{i,k}(t) = \sum_{p \in P} (p_i - 2^k t_i)^{r+1} \, \varphi(2^k t - p) \, w_i(2^{-k} p , t) \ .$$

On voit relativement aisément que les suites U_k , $Y_{o,k}$, $W_{i,k}$ sont bornées dans $\mathscr{C}(\delta_o \otimes \delta_o , A)$. Si on prend une dérivation partielle en t , on fait sortir un facteur 2^k ; ces suites sont donc $0(2^{rk})$ dans $\mathscr{C}(\delta_o , \mathscr{C}_r(\delta_o,A))$ et on peut appliquer le lemme fondamental.

On peut enfin choisir des fonctions $U'_1 ,\ldots, U'_n$, Y'_o dans $\mathscr{C}_r(\delta_o,A)$ ayant la filtration -1 au plus ; si, en effet, N est un entier majorant les filtrations de

$U_1 , \ldots, U_n , Y_o$ et si :

$$u_i = \frac{- \bar{s}_i}{1+|s|^2} \ , \quad y(s) = \frac{1+|s|^2}{1+\langle a,\bar{s}\rangle} \ , \quad u_n = u(1+y+ \ldots +y^{n-1}) \ ,$$

il suffit de poser :

$$U' = u_n + y^n U \ , \quad Y'_o = y^n Y_o \ .$$

5. <u>Fonctions spectrales modulo $\flat$</u> .

On désigne maintenant par $\flat$ un idéal complet de A . Une fonction numérique positive bornée δ sur $\mathbb{C}^n$ est <u>dite spectrale pour</u> a <u>modulo</u> $\flat$, si l'idéal somme de $\mathscr{C}(\delta_o, \flat)$ et de l'idéal engendré par $a_1-s_1 , \ldots, a_n-s_n$, δ dans $\mathscr{C}(\delta_o,A)$ est l'idéal impropre de $\mathscr{C}(\delta_o,A)$, ce qui signifie qu'il existe des fonctions $u_1 , \ldots, u_n , y_o$ dans $\mathscr{C}(\delta_o,A)$ et une fonction v de $\mathscr{C}(\delta_o, \flat)$ telles que :

$$(a_1-s_1)u_1 + \ldots + (a_n-s_n)u_n + v + \delta y_o = 1 \ .$$

L'ensemble des fonctions spectrales pour a modulo $\flat$ est appelé <u>spectre de</u> a <u>modulo</u> $\flat$ et est noté $\Delta(a;A/\flat)$.

Les propriétés démontrées dans la théorie absolue s'étendent sans difficulté ; en particulier, pour tout entier positif r , $\Delta_r(a;A/\flat) = \Delta(a;A/\flat) \cap {}_{-1}\mathscr{C}_r(\delta_o)$ est une base de $\Delta(a;A/\flat)$, et si $\delta \in \Delta_r(a;A/\flat)$, on peut trouver des fonctions $U_1 , \ldots, U_n , Y_o$ dans ${}_{-1}\mathscr{C}_r(\delta_o,A)$ et une fonction V de ${}_{-1}\mathscr{C}_r(\delta_o, \flat)$ qui vérifient :

$$\langle a-s , U \rangle + V + \delta Y_o = 1 \ .$$

*
* *

§ 4.- LE CALCUL SYMBOLIQUE

Ce paragraphe reprend le calcul symbolique tel qu'il est exposé dans le mémoire de
L. Waelbroeck, mais seulement dans le cas commutatif, le cas général étant considéra-
blement plus compliqué. Ce cas particulier sera suffisant pour l'étude des applications qui seront données dans le séminaire ; on notera cependant que le cas non commutatif ne peut en général pas se réduire au cas commutatif. En revanche, on déve-
loppe la théorie modulo un idéal complet $\flat$. L'introduction de $\flat$ donne un théorème
de Gelfand-Mazur pour les algèbres complètes qu'il ne serait pas aisé d'obtenir dans
le cadre strict de la théorie absolue ; elle est, d'autre part, intéressante pour
l'étude des algèbres de fonctions holomorphes.

Première partie : cohomologie.

1. Rappelons que, comme au § 3, on désigne par s_k la $k^{\text{ème}}$ projection de $\mathbb{C}^n$ et
par s l'application identique de $\mathbb{C}^n$, soit $s = (s_1 , \ldots, s_n)$. On désigne par t_k
(resp. t_k') la partie réelle (resp. imaginaire) de s_k , i.e. : $s_k = t_k + i\, t_k'$. On se
donne maintenant une application δ de $\mathbb{C}^n$ dans $\mathbb{R}_+$, lipschitzienne et telle que
$|s|\delta$ soit bornée sur $\mathbb{C}^n$, un espace à bornés complet E et un entier $r \geq n$.

$\Omega_r(\delta,E)$, ou encore $\Omega_r(E)$ lorsqu'aucune confusion n'est à craindre, désigne l'espace vectoriel des formes différentielles extérieures en $d\bar{s}_1 , \ldots, d\bar{s}_n$ dont les termes
de degré q ont leurs coefficients dans $\mathcal{C}_{r-q}(\delta,E)$ pour $q = 0 ,\ldots, n$. Une forme
ω de $\Omega_r(\delta,E)$ s'écrit donc de façon unique sous la forme suivante, dans laquelle on a
omis le signe de multiplication extérieure :

$$\sum_{q=0}^{n} \left(\sum_{1 \leq i_1 < \ldots < i_q \leq n} g_{i_1 \ldots i_q}\, d\bar{s}_{i_1} \ldots d\bar{s}_{i_q} \right)$$

où $g_{i_1 \ldots i_q}$ est dans $\mathcal{C}_{r-q}(\delta,E)$ et où $(i_j)_{1 \leq j \leq q}$ est une suite croissante de
$\{1 ,\ldots, n\}$.

On rappelle qu'une forme ω est dite homogène de degré q ou une forme de degré q ,
si $g_{i_1 \ldots i_{q'}} = 0$ dès que $q' \neq q$. Toute forme ω de $\Omega_r(\delta,E)$ admet une décomposition unique en n+1 formes de degrés $0, 1 ,\ldots, n$. Les formes de degré nul s'identi-
fient aux fonctions de $\mathcal{C}_r(\delta,E)$. L'espace vectoriel $\Omega_r(\delta,E)$ s'identifie donc à la
somme directe de 2^n espaces vectoriels dont $\binom{n}{q}$ sont isomorphes à $\mathcal{C}_{r-q}(\delta,E)$. On
munit $\Omega_r(\delta,E)$ de la structure <u>d'espace à bornés complet somme directe</u> des structures
des $\mathcal{C}_{r-q}(\delta,E)$ pour cette décomposition. Autrement dit, une partie B de $\Omega_r(\delta,E)$
est bornée s'il existe des ensembles $B_{i_1 \ldots i_q}$ bornés dans $\mathcal{C}_{r-q}(\delta,E)$ tels que

$$B \subset \sum B_{i_1 \ldots i_q} \, d\bar{s}_{i_1} \ldots d\bar{s}_{i_q} \, .$$

On munit enfin $\Omega_r(\delta, E)$ d'une structure d'espace à bornés complet filtré en décidant qu'un ensemble borné B est de filtration $\leqslant N$ si on peut choisir $B_{i_1 \ldots i_q}$ de filtration $\leqslant N+q$ dans $\mathcal{C}_{r-q}(\delta, E)$. L'espace $_N\Omega_r(\delta, E)$ est alors somme directe de 2^n espaces, dont $\binom{n}{q}$ sont isomorphes à $_{N+q}\mathcal{C}_{r-q}(\delta, E)$. On note $\Omega_r^q(\delta, E)$ le sous-espace vectoriel fermé des formes de degré q de $\Omega_r(\delta, E)$, filtré par la filtration induite.

2. La différentielle totale d ne conserve pas l'espace $\Omega_r(\delta, E)$. En revanche, si on décompose, comme il est classique, d en $d'+d''$, avec les conventions :

$$\frac{\partial}{\partial s_k} = \frac{1}{2} \left(\frac{\partial}{\partial t_k} - i \frac{\partial}{\partial t_k'} \right) \quad ; \quad \frac{\partial}{\partial \bar{s}_k} = \frac{1}{2} \left(\frac{\partial}{\partial t_k} + i \frac{\partial}{\partial t_k'} \right)$$

les différentielles d', d'' étant définies sur les formes de degré nul par
$d'f = \sum_{k=1}^{n} \frac{\partial f}{\partial s_k} \, ds_k$, $d''f = \sum_{k=1}^{n} \frac{\partial f}{\partial \bar{s}_k} \, d\bar{s}_k$, on vérifie que d'' applique $\Omega_r(\delta, E)$ dans lui-même. De façon explicite, sachant que $d''\bar{s}_k = d\bar{s}_k$, si :

$$\omega = \sum_{q=o}^{n} \left(\sum_{1 \leqslant i_1 < \ldots < i_q \leqslant n} g_{i_1 \ldots i_q} \, d\bar{s}_{i_1} \ldots d\bar{s}_{i_q} \right) \, .$$

Alors :

$$d''\omega = \sum_{q=o}^{n} \left(\sum_{1 \leqslant i_1 < \ldots < i_q \leqslant n} d''g_{i_1 \ldots i_q} \, d\bar{s}_{i_1} \ldots d\bar{s}_{i_q} \right).$$

Soit :

$$d''\omega = \sum_{q=1}^{n} \left(\sum_{1 \leqslant i_1 < \ldots < i_q \leqslant n} h_{i_1 \ldots i_q} \, d\bar{s}_{i_1} \ldots d\bar{s}_{i_q} \right) ;$$

avec $h_{i_1 \ldots i_q} = \sum_{p=1}^{q} (-1)^{p-1} \frac{\partial}{\partial \bar{s}_p} g_{i_1 \ldots \hat{i}_p \ldots i_q}$;

d'' est, en particulier, une application linéaire de carré nul de $\Omega_r(\delta, E)$ dans lui-même. En outre, d'' est bornée, de filtration nulle, puisque $\dfrac{\partial}{\partial \bar{s}_k}$ est une application linéaire bornée de filtration $+1$ de $\mathcal{C}_p(\delta, E)$ dans $\mathcal{C}_{p-1}(\delta, E)$.

3. Dans tout ce paragraphe, on omettra systématiquement la fonction δ pour alléger l'écriture. On se donne un sous-espace vectoriel F de E muni d'une structure d'espace à bornés complet plus fine que celle induite par F. On définit maintenant la cohomologie modulo F des formes de $\Omega_r(E)$, la cohomologie absolue étant obtenue pour $F = 0$. Ici N est un élément de $\mathbb{Z}$.

DÉFINITION 1.- <u>Soit</u> u <u>une forme de</u> $\Omega_r(E)$ (resp. <u>de</u> $_N\Omega_r(E)$). <u>On dit que</u> u <u>est</u> <u>fermée modulo</u> F (resp. <u>fermée modulo</u> F <u>pour la filtration</u> N) <u>si</u> $d''u$ <u>est dans</u> $\Omega_r(F)$ (resp. $_N\Omega_r(F)$). <u>On dit que</u> u <u>est exacte modulo</u> F (resp. <u>exacte modulo</u> F

pour la filtration N) s'il existe u' dans $\Omega_r(E)$ (resp. $_N\Omega_r(E)$) et v dans $\Omega_r(F)$ (resp. $_N\Omega_r(F)$) de façon que $u = d''u' + v$.

Puisque d'' est de carré nul (resp. et de filtration nulle), il est immédiat que toute forme exacte modulo F (resp. pour la filtration N) est fermée modulo F (resp. pour la filtration N).

L'ensemble des formes fermées modulo F (resp. pour la filtration N), c'est-à-dire l'ensemble des cycles, est un espace vectoriel noté $\mathcal{Z}(\delta,E/_F)$ ou simplement $\mathcal{Z}(E/_F)$ (resp. $_N\mathcal{Z}(\delta,E/_F)$ ou $_N\mathcal{Z}(E/_F)$) et celui des formes exactes modulo F (resp. pour la filtration N) c'est-à-dire des bords, un sous-espace vectoriel du premier noté $\mathcal{B}(\delta,E/_F)$ ou $\mathcal{B}(E/_F)$ (resp. $_N\mathcal{B}(\delta,E/_F)$ ou $_N\mathcal{B}(E/_F)$). Enfin l'espace quotient $\mathcal{H}_r(\delta,E/_F) = \mathcal{Z}_r(\delta,E/_F)/\mathcal{B}_r(\delta,E/_F)$ (resp. $_N\mathcal{H}_r(\delta,E/_F) = {}_N\mathcal{Z}_r(\delta,E/_F)/{}_N\mathcal{B}_r(\delta,E/_F)$) est l'espace de cohomologie modulo F (resp. pour la filtration N).

Remarquons que pour $N' \geqslant N$, on a les inclusions :

$$_N\Omega_r(E) \subset {}_{N'}\Omega_r(E) \;,\; _N\mathcal{Z}_r(E/_F) \subset {}_{N'}\mathcal{Z}_r(E/_F) \;,\; _N\mathcal{B}_r(E/_F) \subset {}_{N'}\mathcal{B}_r(E/_F).$$

Clairement, $\mathcal{Z}_r(E/_F)$ et $\mathcal{B}_r(E/_F)$ s'identifient respectivement à $\varinjlim {}_N\mathcal{Z}_r(E/_F)$ et $\varinjlim {}_N\mathcal{B}_r(E/_F)$, les limites inductives n'étant ici que les réunions des ensembles indiqués.

D'autre part, si $N' \geqslant N$, l'application identique $_N\mathcal{Z}_r(E/_F) \longrightarrow {}_{N'}\mathcal{Z}_r(E/_F)$ définit par passage au quotient une application linéaire $J_{N'N}$ de $_N\mathcal{H}_r(E/_F)$ dans $_{N'}\mathcal{H}_r(E/_F)$. On vérifie aussitôt que si $N'' \geqslant N' \geqslant N$, on a la relation $J_{N''N'} \circ J_{N'N} = J_{N''N}$. La donnée des $_N\mathcal{H}_r(E/_F)$ et des $J_{N'N}$ peut alors être considérée comme un système inductif ou un système projectif suivant que l'on considère sur $\mathbb{Z}$ l'ordre naturel ou l'ordre inverse, c'est-à-dire suivant que $N \longrightarrow +\infty$ ou $N \longrightarrow -\infty$.

La limite inductive des $_N\mathcal{H}_r(E/_F)$ s'identifie à $\mathcal{H}_r(E/_F)$ d'après la commutativité des limites inductives :

$$\varinjlim {}_N\mathcal{H}_r(E/_F) = \varinjlim {}_N\mathcal{Z}_r(E/_F)/{}_N\mathcal{B}_r(E/_F) \simeq \varinjlim {}_N\mathcal{Z}_r(E/_F)/\varinjlim {}_N\mathcal{B}_r(E/_F)$$
$$= \mathcal{H}_r(E/_F) \; .$$

Le morphisme structural J_N de $_N\mathcal{H}_r(E/_F)$ dans $\mathcal{H}_r(E/_F)$ se déduit par passage au quotient de l'injection canonique $_N\mathcal{Z}_r(E/_F) \longrightarrow \mathcal{Z}_r(E/_F)$.

En revanche, on définit un nouvel espace vectoriel, noté $\mathcal{H}_r^*(E/_F)$ en prenant la limite projective des $\mathcal{H}_r(E/_F)$; cet espace vectoriel est l'ensemble des familles $\omega = (\omega_N)_{N \in \mathbb{Z}}$ où $\omega_N \in {}_N\mathcal{H}_r(E/_F)$ telles que lorsque $N' \geqslant N$, $\omega_{N'} = J_{N'N}(\omega_N)$. Le morphisme structural J_N^* de $\mathcal{H}_r^*(E/_F)$ dans $_N\mathcal{H}_r(E/_F)$ est la projection $\omega \longrightarrow \omega_N$.

En résumé, on a des applications :

$$\mathcal{H}_r^*(E/_F) = \varprojlim {}_N\mathcal{H}_r(E/_F) \xrightarrow{\;J_N^*\;} {}_N\mathcal{H}_r(E/_F) \xrightarrow{\;J_{N'N}\;} {}_{N'}\mathcal{H}_r(E/_F) \longrightarrow \varinjlim {}_N\mathcal{H}_r(E/_F) \;,$$

tous les diagrammes issus de cette ligne étant commutatifs.

Enfin, à la graduation de $\Omega_r(E)$ est associée une graduation de chacun des espaces vectoriels $\mathcal{Z}_r(E/_F)$, $\mathcal{B}_r(E/_F)$ et $\mathcal{H}_r(E/_F)$ en posant $\mathcal{Z}_r^q(E/_F) = \mathcal{Z}_r(E/_F) \cap \Omega_r^q(E)$, $\mathcal{B}_r^q(E/_F) = \mathcal{B}_r(E/_F) \cap \Omega_r^q(E)$ et en prenant pour $\mathcal{H}_r^q(E/_F)$ l'image de $\mathcal{Z}_r^q(E/_F) / \mathcal{B}_r^q(E/_F)$ dans $\mathcal{H}_r(E/_F)$. On peut appliquer la même méthode pour graduer $_N\mathcal{H}_r(E/_F)$ à partir de $_N\Omega_r(E)$ et définir des espaces vectoriels $_N\mathcal{H}_r^q(E/_F)$. On gradue alors la limite projective $\mathcal{H}_r^*(E/_F)$ en prenant pour $\mathcal{H}_r^{*q}(E/_F)$ l'image dans $\mathcal{H}_r^*(E/_F)$ de la limite projective des $_N\mathcal{H}_r^q(E/_F)$, c'est-à-dire l'ensemble des ω tels que $J_N^*(\omega) \in {_N\mathcal{H}_r^q(E/_F)}$ pour tout N .

4. On suppose ici que $N < -3n - 1$. Soit u une forme de $_N\Omega_r^n(E)$, que l'on peut écrire :

$$u = g \, d\bar{s}_1 \ldots d\bar{s}_n$$

où $g \in {_{N+n}\mathcal{C}_{r-n}(\delta,E)}$. La forme u est fermée puisque $\Omega_r(E)$ n'a pas d'élément de degré $> n$, à part 0 . On remarque que l'on a :

$$u \, ds_1 \ldots ds_n = g \, d\bar{s}_1 \ldots d\bar{s}_n \, ds_1 \ldots ds_n$$
$$= g(2i)^n \, dt_1 \ldots dt_n \, dt_1' \ldots dt_n'$$

et que l'hypothèse faite sur N entraîne l'intégrabilité de g sur $\mathbb{R}^n$. On décide de poser $\int_{\mathbb{R}^{2n}} u \, ds_1 \ldots ds_n = (2i)^n \int_{\mathbb{R}^{2n}} g(s) \, dt_1 \ldots dt_n \, dt_1' \ldots dt_n'$. L'intégrale est nulle si la forme u de $_N\Omega_r^n(E)$ est exacte pour la filtration N , c'est-à-dire si $u = d''v$ avec v dans $_N\Omega_r^{n-1}(E)$; il suffit pour le voir de considérer le cas où $v = h \, d\bar{s}_1 \ldots d\bar{s}_n$ et donc où $g = \dfrac{\partial h}{\partial s_1}$. L'énoncé résulte alors de la formule de Stokes, compte tenu du fait que h tend rapidement vers zéro à l'infini. D'autre part, l'intégrale appartient à F si la forme u est dans $_N\Omega_r^n(F)$, donc aussi si la forme u de $_N\Omega_r^n(E)$ est exacte modulo F pour la filtration N . Par suite, si ω est un élément de $\mathcal{H}_r^{*n}(E/_F)$, l'élément

$$\mathcal{L}(\omega) = \int_{\mathbb{R}^{2n}} u \, ds_1 \ldots ds_n + F$$

ne dépend ni du choix de u dans la classe de cohomologie $\omega_N = J_N^*(\omega)$, ni de N si $N < -3n - 1$. On a ainsi défini une application linéaire $\mathcal{L}$ de l'espace vectoriel $\mathcal{H}_r^{*n}(E/_F)$ dans $E/_F$.

<u>Deuxième partie : une classe de cohomologie.</u>

1. On désigne maintenant par A une algèbre commutative complète à unité et par $\mathfrak{b}$ un idéal complet de A ; on considère des éléments $a_1, \ldots, a_n$ de A et on choisit un entier $r \ge n$. Nous désignons par $\Xi(a;\delta;A/_\gamma)$ ou plus simplement par Ξ l'ensemble

des $(u_1, \ldots, u_n, v, y)$ de :

$$({}_0\,\mathscr{C}_r(\delta_o, A))^n \times {}_0\,\mathscr{C}_r(\delta_o, \not{b}) \times \delta\,\mathscr{C}_r(\delta_o, A)$$

tels que

$$\langle a-s, u \rangle + v + y = 1 .$$

D'après le § 3, on sait que $\boxed{\mathbb{H}}$ contient un système $(U_1, \ldots, U_n, V, Y)$ où $Y = \delta Y_o$ et où $U_1, \ldots, U_n, V, Y$ ont au plus la filtration -1 . Si $(u,v,y) \in \boxed{\mathbb{H}}$, y s'écrit δy_o où $y_o \in {}_0\,\mathscr{C}_r(\delta_o, A)$. En ne considérant que les restrictions à l'ouvert $\complement\,\bar{\delta}^1(0)$, il vient :

$$y \in {}_{-1}\,\mathscr{C}_r(\delta)\ {}_0\,\mathscr{C}_r(\delta_o, A) \subset {}_{-1}\,\mathscr{C}_r(\delta, A) .$$

Si l'on pose alors :

$$\varphi_k(u,v,y) = \frac{(n+k)!}{k!}\ y^k\, d''u_1 \ldots d''u_n \ ,$$

on vérifie que $\varphi_k(u,v,y)$ a au plus la filtration $-k$ dans $\Omega_r^n(\delta, A)$, c'est-à-dire dans $Z_r^n(\delta, A)$. Nous allons d'abord démontrer le :

THÉORÈME 1.- <u>La classe de cohomologie de</u> $\varphi_k(u,v,y)$ <u>modulo</u> $\not{b}$ <u>pour la filtration</u> $-k$ <u>ne dépend pas du choix de</u> (u,v,y) <u>dans</u> $\boxed{\mathbb{H}}$.

Pour cela, on introduit sur $\boxed{\mathbb{H}}$ un groupe transitif. (U,V,Y) étant défini comme précédemment, soit (u,v,y) un élément quelconque de $\boxed{\mathbb{H}}$. Calculons $u_i.1 - 1.U_i$, $v.1 - 1.V$, $y.1 - 1.Y$, où, dans le premier terme, 1 est remplacé par $\langle a-s, U \rangle + V + Y$ et, dans le second, par $\langle a-s, u \rangle + v + y$. On obtient les relations :

$$(1)\qquad
\begin{cases}
u_i - U_i = \displaystyle\sum_{j=1}^{n} \alpha_{ij}(a_j - s_j) + \beta_i + \xi_i \\[2mm]
v - V = -\displaystyle\sum_{j=1}^{n} \beta_j(a_j - s_j) + \eta \\[2mm]
y - Y = -\displaystyle\sum_{j=1}^{n} \xi_j(a_j - s_j) - \eta
\end{cases}$$

où les coefficients $\alpha = (\alpha_{ij})$, $\beta = (\beta_j)$, $\xi = (\xi_j)$ et η sont donnés par :

$$\alpha_{ij} = u_i U_j - u_j U_i$$

$$\beta_i = u_i V - U_i v$$

$$\xi_i = u_i Y - y U_i$$

et vérifient donc les relations :

$$(2)\qquad
\begin{cases}
\alpha_{ij} \in {}_{-1}\,\mathscr{C}_r(\delta_o, A) \quad ; \quad \alpha_{ij} + \alpha_{ji} = 0 \\[2mm]
\beta_i \in {}_{-1}\,\mathscr{C}_r(\delta_o, \not{b}) \\[2mm]
\xi_i \in \delta\, {}_{-1}\,\mathscr{C}_r(\delta_o, A) \\[2mm]
\eta \in \delta\, {}_{-1}\,\mathscr{C}_r(\delta_o, \not{b}) .
\end{cases}$$

On passe donc de U_i à u_i par une transformation $T(\alpha, \beta, \xi, \eta)$ dont la formule est donnée par (1) et où α, β, ξ, η sont astreints aux conditions (2). On vérifie inversement qu'une telle transformation conserve l'ensemble $\boxed{H}$: elle conserve l'ensemble :

$$({}_0\mathscr{C}_r(\delta_0,A))^n \times {}_0\mathscr{C}_r(\delta_0,\flat) \times \delta\,\mathscr{C}_r(\delta_0,A)$$

et laisse invariante l'expression :

$$\langle a-s\,,\,u \rangle + v + y\;.$$

Enfin, l'ensemble de ces transformations est de façon évidente un groupe pour l'addition qui s'identifie au groupe additif :

$$_{-1}M_n^s(\mathscr{C}_r(\delta_0,A)) \times ({}_{-1}\mathscr{C}_r(\delta_0,\flat))^n \times (\delta_{-1}\mathscr{C}_r(\delta_0,A))^n \times \delta_{-1}\mathscr{C}_r(\delta_0,\flat)$$

où $_{-1}M_n^s(\mathscr{C}_r(\delta_0,A))$ est le groupe additif des matrices antisymétriques d'ordre n à coefficients dans $\mathscr{C}_r(\delta_0,A)$, de filtration ≤ -1 . Un système de générateurs de ce groupe est constitué, de façon évidente, par les transformations du type suivant :

$$T(\alpha(e_{ij} - e_{ji})\,,\,0\,,\,0\,,\,0) \qquad \text{où } \alpha \in {}_{-1}\mathscr{C}_r(A)$$
$$T(0\,,\,\beta e_i\,,\,0\,,\,0) \qquad \text{où } \beta \in {}_{-1}\mathscr{C}_r(\flat)$$
$$T(0\,,\,0\,,\,\xi e_i\,,\,0) \qquad \text{où } \xi \in {}_{-1}\mathscr{C}_r(A)$$
$$T(0\,,\,0\,,\,0\,,\,\eta) \qquad \text{où } \eta \in \delta_{-1}\mathscr{C}_r(\flat)\;,$$

e_{ij} désignant la matrice dont tous les coefficients sont nuls sauf celui d'indices i, j qui est égal à 1 et e_i le vecteur dont toutes les coordonnées sont nulles sauf celle d'indice i qui est égale à 1 . Il suffit donc de vérifier que pour chacune des transformations élémentaires ci-dessus, la classe de cohomologie de la forme $\varphi_k(u,v,y)$ ne change pas, ce qui résulte de calculs élémentaires, pour le détail desquels on renvoie le lecteur au mémoire de L. Waelbroeck [4] .

2. La façon dont la forme $\varphi_k(u,v,y)$ dépend de l'entier positif k est indiquée par l'énoncé suivant pour lequel on renvoie aussi le lecteur à [4] :

THÉORÈME 2.- <u>Soit</u> k <u>un entier</u> > 0 ; <u>les formes</u> $\varphi_k(u,v,y)$ <u>et</u> $\varphi_{k-1}(u,v,y)$ <u>sont cohomologues modulo</u> $\flat$ <u>pour la filtration</u> $-k + 1$.

Il en résulte que si ω_{-k} est la classe de cohomologie de $\varphi_k(u,v,y)$ modulo $\flat$ pour la filtration $-k$ dans $_{-k}\mathscr{H}_r(A/\flat)$ (classe qui ne dépend que de A, $\flat$, a, δ, k), on a :

$$J_{-k+1,-k}(\omega_{-k}) = \omega_{-k+1}$$

de sorte que $(\omega_{-k})_{k\in\mathbb{N}}$ définit un élément ω de la limite projective $\mathscr{H}_r^*(A/\flat)$ qui ne dépend pas du choix de (u,v,y) dans $\boxed{H}(a,\delta,A/\flat)$ (ni, bien sûr, de k).

<u>Troisième partie</u> : <u>produits directs et calcul de</u> $\mathcal{L}(\omega)$.

1. Les notations de la seconde partie sont conservées ici ; nous allons munir $\Omega_r(\delta,A)$ et $H_r(\delta,A/\mathfrak{z})$ <u>d'une structure d'algèbre complète et</u> $H_r^*(\delta,A/\mathfrak{z})$ <u>d'une structure de</u> $H_r(\delta,A/\mathfrak{z})$ <u>module complet.</u>

Pour définir la multiplication dans $\Omega_r(\delta,A)$, on peut se contenter de définir le produit de deux éléments u et v qui appartiennent chacun à un facteur direct, ce qui revient à supposer que :

$$u = g \, d\bar{s}_{i_1} \ldots d\bar{s}_{i_p} \quad , \quad v = h \, d\bar{s}_{j_1} \ldots d\bar{s}_{j_q} \quad ,$$

où g et h sont respectivement dans $\mathcal{C}_{r-p}(\delta,A)$ et $\mathcal{C}_{r-q}(\delta,A)$. On convient alors de poser :

$$u \, v = g \, h \, d\bar{s}_{i_1} \ldots d\bar{s}_{i_p} \quad d\bar{s}_{j_1} \ldots d\bar{s}_{j_q} \; .$$

Alors, si $p+q > n$, $d\bar{s}_{i_1} \ldots d\bar{s}_{i_p} \, d\bar{s}_{j_1} \ldots d\bar{s}_{j_q} = 0$ et si $p+q \leqslant n$, $g \, h$ appartient à $\mathcal{C}_{r-(p+q)}(\delta,A)$, de sorte que dans chaque cas, l'élément $u \, v$ appartient bien à $\Omega_r(\delta,A)$. De cette façon, $\Omega_r(\delta,A)$, muni de l'application $(u,v) \longmapsto u \, v$ prolongée par bilinéarité est une algèbre complète. On vérifie aussitôt que la multiplication est associative et anticommutative et que :

$$d''(u \, v) = (-1)^p (d'' u)v + (-1)^q u \, d'' v \; .$$

Il en résulte que $u \, v$ est fermé modulo $\mathfrak{z}$ (resp. pour la filtration $N+M$) si u et v le sont (resp. u pour la filtration N et v pour la filtration M) et que $u \, v$ est exact modulo $\mathfrak{z}$ si en plus l'un des deux est exact modulo $\mathfrak{z}$ (resp. pour la filtration correspondante).

La multiplication de $\Omega_r(\delta,A)$ définit alors, par passage au quotient, une application bilinéaire de $H_r(\delta,A/\mathfrak{z}) \times H_r(\delta,A/\mathfrak{z})$ dans $H_r(\delta,A/\mathfrak{z})$ qui munit donc $H_r(\delta,A/\mathfrak{z})$ d'une structure d'algèbre. De la même façon, si N_1 , N_2 sont des éléments de $\mathbb{Z}_*$, on a une application bilinéaire :

$$_{N_1}H_r(\delta,A/\mathfrak{z}) \times \,_{N_2}H_r(\delta,A/\mathfrak{z}) \longrightarrow \,_{N_1+N_2}H_r(\delta,A/\mathfrak{z}) \; ,$$

ces applications étant compatibles avec les morphismes structuraux $J_{N_1' N_1}$ et $J_{N_2' N_2}$.
Ainsi, $H_r^*(\delta,A/\mathfrak{z})$ est muni d'une structure d'algèbre et même d'une structure de $H_r(\delta,A/\mathfrak{z})$ module. Soient, en effet, $\omega = (\omega_N)$ un élément de $H_r^*(\delta,A/\mathfrak{z})$ et ω' un élément de $H_r(\delta,A/\mathfrak{z})$. Choisissons M et ω_M dans $_M H_r(\delta,A/\mathfrak{z})$ tels que $\omega' = J_M(\omega_M')$. On vérifie que $\omega_M' \omega_N$ ne dépend que de $M+N$ et définit un élément $(\omega'\omega)_{M+N}$ qui donne naissance à un élément $\omega'\omega$ de la limite projective.

Enfin, si on se donne δ et δ' , on définit <u>le produit direct de deux éléments</u> ω , ω' appartenant respectivement à $H_r^*(\delta,A/\mathfrak{z})$ et $H_r^*(\delta',A/\mathfrak{z})$, comme l'élément $\omega \times \omega'$

de $H_r^*(\delta \otimes \delta', A/\mathfrak{z})$ dont la projection sur $_N H_r(\delta \otimes \delta', A/\mathfrak{z})$ est le produit direct des classes $\omega_N, \omega_{N'}$.

2. La classe de cohomologie ω introduite à la fin du n° 3 de la seconde partie de ce paragraphe sera maintenant notée $\omega(a; \delta; A/\mathfrak{z})$. On se donne ici des éléments $a_1, \ldots, a_n, a_1', \ldots, a_n'$ de A et on pose : $a = (a_1, \ldots, a_n)$, $a' = (a_1', \ldots, a_n')$, $(a, a') = (a_1, \ldots, a_n, a_1', \ldots, a_n')$.

PROPOSITION 1.- <u>Soient</u> δ , δ' <u>des fonctions spectrales appartenant respectivement à</u> $\Delta(a; A/\mathfrak{z})$, $\Delta(a'; A/\mathfrak{z})$. <u>Alors</u> $\delta \otimes \delta'$ <u>appartient à</u> $\Delta((a, a') ; A/\mathfrak{z})$ <u>et</u> $\omega((a, a') ; \delta \otimes \delta' ; A/\mathfrak{z})$ <u>est le produit direct</u> $\omega(a; \delta; A/\mathfrak{z}) \times \omega(a'; \delta'; A/\mathfrak{z})$.

Considérons, en effet, des éléments (u, v, y) dans $\boxplus(a, \delta, A/\mathfrak{z})$ et (u', v', y') dans $\boxplus(a', \delta', A/\mathfrak{z})$. Posons :

$$U = y' u \ , \quad V = v' + y' v \ , \quad U' = u' \ , \quad Y = y' y \ .$$

On vérifie aussitôt que $((U, U') ; V ; Y)$ appartient à $\boxplus((a, a'); \delta \otimes \delta' ; A/\mathfrak{z})$ ce qui montre en même temps que $\delta \otimes \delta'$ est spectrale pour (a, a') modulo $\mathfrak{z}$. De plus, la forme $\varphi_k((U, U'), V, Y)$ s'écrit $\dfrac{(n+n'+k)!}{k!} \tau$ où :

$$\tau = Y^k \, d''U_1 \ldots d''U_n \, d''U_1' \ldots d''U_{n'}' \ ,$$

soit :

$$\tau = (y \, y')^k \, d''(y' \, u_1) \ldots d''(y' \, u_n) \, d'' u_1' \ldots d''u_n'$$

ou :

$$\tau = (y \, y')^k \, y' \, d''u_1 \ldots y' \, d''u_n \, d''u_1' \ldots d''u_n' \ ,$$

car la différence avec la ligne précédente est une somme de termes dont chacun est de degré supérieur à n' en $d\bar{a}_1' \ldots d\bar{a}_{n'}'$. Finalement :

$$\tau = \frac{k!}{(n+k)!} \, \varphi_k(u, v, y) \cdot \frac{(n+k)!}{(n+n'+k)!} \, \varphi_{n+k}(u', v', y')$$

de sorte que :

$$\varphi_k((U, U'), V, Y) = \varphi_k(u, v, y) \, \varphi_{n+k}(u', v', y') \ ,$$

donc, puisque $\varphi_{n+k}(u', v', y')$ et $\varphi_k(u', v', y')$ sont cohomologues pour la filtration $-k$, on a :

$$J_{-k}^*(\omega((a, a'); \delta \otimes \delta' ; A/\mathfrak{z}) = J_{-k}^*(\omega(a; \delta; A/\mathfrak{z})) \times J_{-k}^*(\omega(a', \delta', A/\mathfrak{z})) \ ,$$

ce qui achève la démonstration.

3. Nous allons maintenant calculer $\mathscr{L}(\omega)$, où $\mathscr{L}$ est l'application linéaire de $H_r^{*n}(\delta; A/\mathfrak{z})$ dans $A/\mathfrak{z}$ qui a été définie au n° 4 de la première partie. De façon précise :

THÉORÈME 3.- <u>Sous les hypothèses qui précèdent</u> :

$$\frac{1}{(2\pi i)^n} \; \mathscr{L}(\omega(a;\delta;A/\not{b})) = 1 + \not{b} \; .$$

La démonstration du théorème se fait en trois étapes.

<u>Premier cas</u> : on suppose que $n = 1$, $\not{b} = 0$, $\delta = \delta_o$. Considérons les fonctions $u = -\bar{s}/(1+|s|^2)$, $y = (1+a\bar{s})/(1+|s|^2)$. On vérifie facilement que $(u,0,y)$ appartient à $\boxed{H}(a;\delta;A)$ et que :

$$\varphi_k(u,0,y) = \frac{(k+1)!}{k!} \; y^k \; d''\, u$$

$$= -(k+1) \frac{(1+a\bar{s})^k}{(1+|s|^2)^{k+2}} \; d\bar{s}$$

de sorte que :

$$\mathscr{L}(\omega) = -\int (k+1) \frac{(1+a\bar{s})^k}{(1+|s|^2)^{k+2}} \; d\bar{s} \; ds = 2\pi i \; .$$

<u>Deuxième cas</u> : On suppose que $\not{b} = 0$ et que δ est la fonction $\delta' = \prod_{j=1}^{n} (1+|s_j|^2)^{1/2}$. $\omega(a;\delta';A)$ est alors le produit direct des $\omega(a_j;\delta_j;A)$ où $\delta_j = \delta_o$ pour $n = 1$. L'intégrale se décompose en un produit d'intégrales qui, d'après ce qui précède, sont égales à $2\pi i$, de sorte que $\mathscr{L}(\omega) = (2\pi i)^n$.

<u>Troisième cas</u> : On suppose que $\delta = \delta_o$ et que $\not{b}$ est quelconque ; si alors $\omega' = \omega(a,\delta',A)$, on a $J_{-k}^*(\omega') \subset J_{-k}^*(\omega)$, de sorte que $\mathscr{L}(\omega)$ est la classe modulo $\not{b}$ de $\mathscr{L}(\omega')$, d'où : $\mathscr{L}(\omega) = (2\pi i)^n + \not{b}$.

<u>Cas général</u> : il résulte de façon analogue de l'inclusion :

$$J_{-k}^*(\omega(a;\delta;A/\not{b})) \subset J_{-k}^*(\omega(a;\delta_o;A/\not{b}))$$

que $\mathscr{L}(\omega(a;\delta;A/\not{b})) = \mathscr{L}(\omega(a;\delta_o;A/\not{b})) = (2\pi i)^n + \not{b}$.

4. Nous allons établir maintenant un certain nombre de propriétés de $\omega(a;\delta;A/\not{b})$ et en déduire des renseignements sur le spectre $\Delta(a;A/\not{b})$.

PROPOSITION 2.- <u>On garde les notations qui précèdent</u> :

a) $(s_j-a_j)\,\omega(a;\delta;A/\not{b}) = 0$ <u>pour</u> $i = 1,\ldots, n$;

b) $\Delta(a;A/\not{b})$ <u>et</u> $\omega(a;\delta;A/\not{b})$ <u>ne dépendent que de</u> a <u>modulo</u> $\not{b}$;

c) $1 \in \not{b}$ <u>équivaut à</u> $\omega(a;\delta;A/\not{b}) = 0$;

d) <u>l'application</u> $a \longmapsto \omega(a;\delta;A/\not{b})$ <u>de</u> $(A/\not{b})^n$ <u>dans</u> $H_r^*(\delta;A/\not{b})$ <u>est injective</u>.

<u>Démonstration</u> :

a) soit $(u,v,y) \in \boxed{H}(a;\delta;A/\not{b})$. Sachant que $\sum_{p=1}^{n} (s_p-a_p)\, d''\, u_p = d''\, v + d''\, y$, il vient :

$$(s_j-a_j)\,\varphi_k(u,v,y) = \frac{(n+k)!}{k!} \, (-1)^j \, y^k \, d''\, y \; d''\, u_1 \ldots d''\, \hat{u}_j \ldots d''\, u_n$$

$$+ \frac{(n+k)!}{k!} \, (-1)^j \, y^k \, d''\, v \; d''\, u_1 \ldots d''\, \hat{u}_j \ldots d''\, u_n.$$

Soit :

$$(s_j - a_j)\,\varphi_k(u,v,y) = d''\varphi + \psi \, ,$$

où :

$$\varphi = \frac{(n+k)!}{(k+1)!}\,(-1)^j\,y^{k+1}\,d''\,u_1 \ldots d''\,\hat{u}_j \ldots d''\,u_n \, .$$

Par suite, comme $\varphi \in {}_{-k}\Omega_r(\delta,A)$ et $\psi \in {}_{-k}\Omega_r(\delta,\mathfrak{b})$, la forme $(s_j - a_j)\,\varphi_k(u,v,y)$ est exacte modulo $\mathfrak{b}$ pour la filtration $-k$, ce qui démontre la première assertion.

b) On suppose que $a - a' \in \mathfrak{b}^n$. Il est d'abord clair que $\Delta(a;A/\mathfrak{b}) = \Delta(a';A/\mathfrak{b})$ puisque les idéaux somme de $\mathscr{C}(\delta_o,\mathfrak{b})$ et des idéaux engendrés dans $\mathscr{C}(\delta_o,A)$ respectivement par $a-s$, δ et $a'-s$, δ sont égaux. D'autre part, si $(u,v,y) \in \mathbb{H}(a;\delta;A/\mathfrak{b})$ et si $v' = v + \langle a-a', u \rangle$, $(u,v',y) \in \mathbb{H}(a';\delta;A/\mathfrak{b})$ et $\varphi_k(u,v,y) = \varphi_k(u,v',y)$, ce qui achève la démonstration.

c) Puisque $\mathscr{L}(\omega) = (2\pi i)^n + \mathfrak{b}$ et que $\mathscr{L}(0) = \mathfrak{b}$, pour que $\omega = 0$, il faut et il suffit que $1 \in \mathfrak{b}$.

d) Supposons que l'on ait : $\omega(a;\delta;A/\mathfrak{b}) = \omega(a';\delta;A/\mathfrak{b}) = \omega$. On a alors pour tout j , $(s_j - a_j)\omega = (s_j - a'_j)\omega = 0$, de sorte que $a_j\omega = a'_j\omega$. Il en résulte $\mathscr{L}(a_j\omega) = \mathscr{L}(a'_j\omega)$, soit : $a_j + \mathfrak{b} = a'_j + \mathfrak{b}$.

L'énoncé qui suit et qui signifie que le "spectre" n'est pas vide sauf si $\mathfrak{b}$ est impropre est une généralisation du théorème classique (Gelfand-Mazur).

PROPOSITION 3.- $0 \in \Delta(a;A/\mathfrak{b})$ **si et seulement si** $1 \in \mathfrak{b}$.

En effet, si $\delta = 0$, et si $(u,v,y) \in \mathbb{H}(a;\delta;A/\mathfrak{b})$, on a $y = 0$, de sorte que $\varphi_k(u,v,y) = 0$ pour tout $k > 0$. Or, d'après la proposition 2, si $\omega(a;\delta;A/\mathfrak{b}) = 0$, $1 \in \mathfrak{b}$.

Soient enfin n' un entier $< n$, $s' = (s_1,\ldots,s'_n)$ et $a' = (a_1,\ldots,a_{n'})$; soient aussi δ' une fonction numérique positive bornée sur $\mathbb{C}^{n'}$ et δ la fonction définie par $\delta(s) = \delta'(s')$. On vérifie assez facilement que pour que $\delta' \in \Delta(a';A/\mathfrak{b})$, il faut et il suffit que $\delta \in \Delta(a;A/\mathfrak{b})$.

Quatrième partie : le calcul symbolique.

1. A étant toujours définie comme dans la deuxième partie, soit δ une fonction numérique positive sur $\mathbb{C}^n$ telle que la fonction $|s|\,\delta$ soit bornée. On notera maintenant $\Theta_r(\delta,A/\mathfrak{b})$ l'algèbre $\mathscr{Z}_r^0(\delta,A/\mathfrak{b})$ des éléments de degré nul de $\Omega_r(\delta,A)$ qui sont fermés modulo $\mathfrak{b}$. $\Theta_r(\delta,A/\mathfrak{b})$ est encore l'ensemble des fonctions u de $\mathscr{C}_r(\delta,A)$ telles que $\dfrac{\partial}{\partial \bar{s}_j}\,u \in \mathscr{C}_{r-1}(\delta,\mathfrak{b})$ pour $j = 1,\ldots,n$. Les éléments de $\Theta_r(\delta,A/\mathfrak{b})$ sont appelés fonctions holomorphes modulo $\mathfrak{b}$. Quand $\mathfrak{b} = 0$, l'algèbre $\Theta_r(\delta,A)$ ne dépend pas de r et est simplement notée $\Theta(\delta,A)$. Enfin $\Theta(\delta)$ dési-

gne $\mathcal{O}(\delta, \mathbb{C})$.

Soient maintenant $a_1 ,\ldots, a_n$ des éléments de A et δ une fonction de $\Delta(a;A/\mathfrak{h})$.
Si F appartient à $\mathcal{O}_r(\delta,A/\mathfrak{h})$, le produit $F\omega(a;\delta;A/\mathfrak{h})$ appartient à $H_r^{*n}(\delta,A/\mathfrak{h})$.
On définit le __calcul symbolique__ en posant :

$$S(F;a;A/\mathfrak{h}) = \frac{1}{(2\pi i)^n} \mathcal{L}(F\omega(a;\delta;A/\mathfrak{h})) .$$

Autrement dit, $S(F;a;A/\mathfrak{h}) = \xi + \mathfrak{h}$ si

$$\xi = \frac{1}{(2\pi i)^n} \frac{(n+k)!}{k!} \int F(s)\ y^k(s)\ d''\,u_1 \ldots d''\,u_n\ ds_1 \ldots ds_n$$

où (u,v,y) est choisi arbitrairement dans $\mathbb{H}(a;\delta;A/\mathfrak{h})$ et où k est choisi assez
grand pour que l'intégrale converge.

On a clairement $S(1;a;A/\mathfrak{h}) = 1 + \mathfrak{h}$. D'autre part, si G appartient à l'idéal engendré par les fonctions $s \longmapsto (s_j - a_j)$ dans $\mathcal{O}_r(\delta,A/\mathfrak{h})$, on a $G\omega = 0$, de sorte que
$S(G;a;A/\mathfrak{h}) = \mathfrak{h}$. Il en résulte que si P est une fonction polynômiale, le calcul symbolique de $s \longmapsto (P(s) - P(a))\ F(s)$ est nul, de sorte que :

$$S(PF;a;A/\mathfrak{h}) = P(a)\ S(F;a;A/\mathfrak{h})$$

et, en particulier, si $F = 1$:

$$S(P;a;A/\mathfrak{h}) = P(a) + \mathfrak{h} ,$$
$$S(s_j;a;A/\mathfrak{h}) = a_j + \mathfrak{h} .$$

Soient maintenant $a_1 ,\ldots, a_n , a_1' ,\ldots, a_{n'}'$ des éléments de A , δ (resp. δ')
une fonction de $\Delta_r(a;A/\mathfrak{h})$ (resp. $\Delta_r(a';A/\mathfrak{h})$), F (resp. F') une fonction de
$\mathcal{O}_r(\delta,A/\mathfrak{h})$ (resp. $\mathcal{O}_r(\delta';A/\mathfrak{h})$). On vérifie aussitôt que l'élément $F \otimes F'\ \omega((a,a') ;$
$\delta \otimes \delta' ; A/\mathfrak{h})$ est le produit direct $F\omega(a;\delta;A/\mathfrak{h}) \times F'\omega(a'; \delta';A/\mathfrak{h})$ de sorte
que l'intégrale qui définit le calcul symbolique se décompose en un produit de deux inté-
grales, d'où la relation :

$$S(F \otimes F' ; (a,a');A/\mathfrak{h}) = S(F;a;A/\mathfrak{h})\ S(F';a';A/\mathfrak{h}) .$$

D'autre part, on vérifie aussitôt que le calcul symbolique ne dépend que de a modulo
$\mathfrak{h}$.

Considérons enfin $(s,0) = (s_1 ,\ldots, s_n , 0)$ et $(a,0) = (a_1 ,\ldots, a_n , 0)$. Posons,
si δ est une fonction numérique positive sur $\mathbb{C}^{n+1}$ telle que $\mathcal{C}(\delta,A)$ soit défini,
$\delta_1(A) = \delta(s,0)$ et si F est une fonction de $\mathcal{O}_r(\delta,A/\mathfrak{h})$, $F_1(s) = F(s,0)$. Alors
$S(F;(a,0);A/\mathfrak{h}) = S(F_1;a;A/\mathfrak{h})$.

2. Nous allons maintenant nous intéresser à la propriété multiplicative du calcul
symbolique. Pour cela, on utilise l'énoncé suivant, pour la démonstration duquel on renvoie le lecteur au mémoire de L. Waelbroeck [4] , et qui exprime l'invariance du calcul
symbolique par une application affine.

PROPOSITION 4.- <u>Soient</u> T <u>une application affine de</u> $\mathbb{C}^n$ <u>dans</u> $\mathbb{C}^{n'}$ <u>et</u> $a' = (a'_1, \ldots, a'_{n'})$ <u>le transformé de</u> $a = (a_1, \ldots, a_n)$ <u>par</u> T . <u>Soit</u> δ' <u>une fonc-tion numérique positive bornée sur</u> $\mathbb{C}^{n'}$; <u>pour que</u> δ' <u>appartienne à</u> $\Delta(a';A/_\delta)$, <u>il faut et il suffit que</u> $\delta' \circ T$ <u>appartienne à</u> $\Delta(a;A/_\delta)$. <u>Si</u> F' <u>appartient à</u> $\mathcal{O}_r(\delta',A/_\delta)$, <u>on a</u> :

$$S(F';a';A/_\delta) = S(F' \circ T;a;A/_\delta) .$$

On en déduit que l'application qui à F associe $S(F;a;A/_\delta)$ est un homomorphisme d'algèbre de $\mathcal{O}_r(\delta;A/_\delta)$ dans $(A/_\delta)$. Il suffit, en effet, de prouver que :

$$S(FG;a;A/_\delta) = S(F;a;A/_\delta) \, S(G;a;A/_\delta) .$$

On prend alors pour T l'application diagonale de $\mathbb{C}^n$ dans $\mathbb{C}^n \times \mathbb{C}^n$. Le second membre est encore égal à $S(F \otimes G ; (a,a);A/_\delta)$ qui, d'après la proposition 2, vaut $S((F \otimes G) \circ T;a;A/_\delta) = S(FG;a;A/_\delta)$.

Il en résulte que, lorsque $\delta = 0$, le calcul symbolique définit, pour toute fonction δ spectrale pour a , lipschitzienne et telle que la fonction $|s|\,\delta$ soit bornée, un <u>homomorphisme d'algèbres de</u> $\mathcal{O}(\delta,A)$ <u>dans</u> A <u>qui envoie</u> 1 <u>sur</u> 1 <u>et</u> s <u>sur</u> a ; en fait, cet homomorphisme est borné : c'est donc un morphisme d'algèbres complètes. Ce morphisme induit un morphisme de $\mathcal{O}(\delta, \mathbb{C}) = \mathcal{O}(\delta)$ dans A , qui est le morphisme usuel du calcul symbolique.

*
* *

$\S$ 5.- <u>FONCTIONS SPECTRALES POUR</u> z <u>DANS UNE</u>

<u>SOUS-ALGÈBRE DE</u> $\mathcal{O}(\delta)$

(par Jean-Pierre Ferrier)

Le but de ce paragraphe est l'application de la théorie spectrale des algèbres complètes à l'approximation des fonctions holomorphes δ-tempérées d'une variable par des fonctions d'une sous-algèbre, et, en particulier, par des polynômes. Etant donnée une sous-algèbre unitaire H de $\mathcal{O}(\delta)$, on étudie, pour cela, le spectre $\Delta(z;\bar{H})$ de z dans l'adhérence $\bar{H}$ de H dans $\mathcal{O}(\delta)$. On montre qu'une hypothèse de convexité convenable de la fonction δ relativement à l'algèbre H assure que $\delta \in \Delta(z;\bar{H})$ et on en déduit alors, par le calcul symbolique, que H est dense dans $\mathcal{O}(\delta)$. On donne ensuite une esquisse de ce que peut être la même théorie à plusieurs variables.

1. <u>Existence de fonctions spectrales.</u>

On désigne maintenant par z l'application identique de $\mathbb{C}$.

Si, de façon générale, on considère une algèbre à bornés commutative à unité A_o , un élément a de A_o et un disque borné B de la structure de A_o absorbant 1 , on pose pour tout point s de $\mathbb{C}$:

$$\delta_B(s) = d(1,(a-s)A_o \cap E_B) ,$$

la distance de 1 au sous-espace $(a-s)A_o \cap E_B$ étant prise dans l'espace normé E_B .

On dira, d'autre part, que A_o est une algèbre de fonctions holomorphes en un élément a de A_o sur un ouvert Ω de $\mathbb{C}$ si A_o est à unité et si on s'est donné un homomorphisme d'algèbre d'une algèbre $\ni 1$ et z de fonctions holomorphes sur Ω sur A_o qui envoie 1 sur 1 et z sur a ; on comprend, par exemple, par cette dénomination, les vraies algèbres de fonctions holomorphes, la sous-algèbre unitaire $\mathbb{C}[a]$ engendrée par un élément a , la sous-algèbre $\mathbb{C}(a;T)$ des fractions rationnelles en a régulières sur un ensemble T contenant le spectre de a , ou encore l'image par le calcul symbolique en a d'une algèbre du type $\mathcal{O}(\delta)$.

Cela dit, nous pouvons énoncer un résultat préliminaire [*] qui est fondamental pour la suite :

LEMME 1.- <u>Soit</u> A_o <u>une algèbre à bornés à unité de fonctions holomorphes en un élément</u>

---

[*] J.-P. FERRIER – Approximation des fonctions analytiques avec croissance, séminaire Choquet (Initiation à l'Analyse), 9e année, 1969-1970, n° 1, 7 p.

a <u>sur un ouvert contenant l'ouvert</u> Ω <u>de</u> $\mathbb{C}$ <u>telle que si</u> s <u>est un point de</u> Ω <u>et si</u> $f(a)$ <u>est défini et tel que</u> $f(s) = 0$, <u>alors</u> $\left(\dfrac{f(s)}{z-s}\right)$ (a) <u>soit défini</u> ; <u>dans ces condi-</u><u>tions, pour tout disque borné</u> B <u>de</u> A_o <u>absorbant</u> 1 <u>et toute fonction holomorphe</u> f <u>telle que</u> $f(a)$ <u>soit défini et appartienne à</u> B , <u>on a sur</u> Ω:

$$|f(s)|\, \delta_B(s) \leqslant 1 \; .$$

<u>Démonstration</u> : pour tout $\varepsilon > 0$, et pour tout point s de Ω , on peut trouver, par Hahn-Banach, une forme linéaire continue de norme $\leqslant 1$, μ_s ,sur E_B nulle sur $(a-s)A_o \cap E_B$ et telle que :

$$|\mu_s(1)| \geqslant (1-\varepsilon)\, \delta_B(s) \; .$$

D'autre part, si $f(a)$ est défini et appartient à B , comme f peut encore s'écrire $f(s) + (z-s)g$, il résulte de l'hypothèse faite sur A_o que $g(a)$ est défini, et on a :

$$f(a) = f(s) + (a-s)\, g(a) \; .$$

Comme $f(s)$ est dans E_B par hypothèse, il en est de même de $(a-s)\, g(a)$ et :

$$\mu_s(f(a)) = f(s)\, \mu_s(1) \; .$$

Soit finalement :

$$|f(s)|\, \delta_B(s) \leqslant |\mu_s(f(a))|\, \frac{\mu_s(1)}{\delta_B(s)} \leqslant \frac{1}{1-\varepsilon} \; ,$$

d'où le résultat cherché.

Nous allons maintenant étudier la fonction δ_B lorsque A_o est une sous-algèbre uni-taire de $\Theta(\delta)$.

LEMME 2.- <u>Soit</u> δ <u>une fonction sur</u> $\mathbb{C}$ <u>telle que</u> $\Theta(\delta)$ <u>soit définie. On suppose que</u> A_o <u>est une sous-algèbre unitaire</u> H <u>de</u> $\Theta(\delta)$, <u>que</u> $a = z$ <u>et que</u> B_1 <u>est le disque</u> <u>borné de</u> H <u>des fonctions</u> f <u>de</u> H <u>telles que</u> $|f|\, \delta \leq 1$. <u>Alors</u> : $\delta_{B_1} \geqslant \delta$.

<u>Démonstration</u> : On a, en effet, lorsque s est dans $\complement\, \bar{\delta}^{\,1}(0)$:

$$\delta_{B_1}(s) = \inf_{f \in E_{B_1}} \|(z-s)f - 1\|_{E_{B_1}}$$

$$= \inf_{f \in E_{B_1}} \sup_z |(z-s)f(z) - 1|\, \delta(z)$$

d'où $\delta_{B_1}(s) \geqslant \varepsilon(s)$ si l'on donne à z la valeur s .

L'intérêt de l'introduction de la fonction δ_B réside essentiellement dans l'énoncé qui suit :

PROPOSITION 1.- <u>Soient</u> δ <u>une fonction positive sur</u> $\mathbb{C}$, <u>équivalente à une fonction</u> δ_1, <u>lipschitzienne et telle que</u> $|z|\, \delta_1$ <u>soit bornée,</u> H <u>une sous-algèbre</u> $\ni 1$ <u>et</u> z <u>de</u> $\Theta(\delta)$ <u>et</u> B_1 <u>l'ensemble des fonctions</u> f <u>de</u> H <u>telles que</u> $|f|\, \delta \leq 1$; <u>alors</u> δ_{B_1} <u>est spec-</u>

<u>trale pour</u> z <u>dans l'adhérence</u> $\bar{H}$ <u>de</u> H <u>dans</u> $\mathcal{O}(\delta)$.

Rappelons que, suivant la terminologie du § 1, $\bar{H}$ est l'algèbre complète $\varinjlim_{B} \overline{H \cap E_B}$ où B parcourt l'ensemble des disques bornés de $\mathcal{O}(\delta)$ et où $\overline{H \cap E_B}$ désigne l'adhérence dans E_B du sous-espace $H \cap E_B$.

Nous allons montrer, au préalable, que pour tout ensemble borné B de $\mathcal{O}(\delta)$, l'ensemble des fonctions g de $\mathcal{O}(\delta)$ telles que $(z-s)g$ soit dans B pour (au moins) un point s de $\mathbb{C}$, est borné. Soit donc B un ensemble borné de $\mathcal{O}(\delta)$ que l'on peut supposer être l'ensemble des fonctions f de $\mathcal{O}(\delta)$ telles que $|f|\delta^N \leq M$ où N est un entier et M une constante ≥ 0 . On suppose, pour simplifier, que δ est lipschitzienne dans le rapport 1 et donc que $\delta(s) \leq d(s, \bar{\delta}^{1}(0))$. Considérons une fonction g de $\mathcal{O}(\delta)$ telle que $|(z-s)g|\delta^N \leq M$:

Tout d'abord si $\delta(s) = 0$, on a $|g(z)|\delta(z) \leq |g(z)||z-s|$, de sorte que $|g|\delta^{N+1} \leq M$.

Si maintenant $\delta(s) > 0$, la fonction holomorphe $(z-s)g$ s'annule au point s et est majorée sur la boule de centre s et de rayon $\dfrac{d(s, \bar{\delta}^{1}(0))}{2}$ par la constante $M\left(\dfrac{\delta(s)}{2}\right)^{-N}$ parce que sur cette boule on a $\delta(z) \geq \dfrac{\delta(s)}{2}$; d'après le lemme de Schwartz, la fonction g elle-même est majorée sur cette boule par $M\left(\dfrac{\delta(s)}{2}\right)^{-N}\left(\dfrac{d(s, \bar{\delta}^{1}(0))}{2}\right)^{-1}$ soit encore par $M\left(\dfrac{\delta(s)}{2}\right)^{-N-1}$ ou encore par $M\left(\dfrac{\delta(z)}{3}\right)^{-N-1}$ puisque, toujours sur la même boule on a $\delta(z) \leq \dfrac{3\delta(s)}{2}$. D'autre part, dans le complémentaire de la boule, on a $|z-s| \leq \dfrac{\delta(s)}{2}$, de sorte que si $\delta(z) \leq \dfrac{3}{2}\delta(s)$, on a encore $|z-s| > \dfrac{\delta(z)}{3}$ et $|z-s| \geq \delta(z) - \delta(s)$, de sorte que si $\delta(z) > \dfrac{3}{2}\delta(s)$, on a aussi $|z-s| > \dfrac{\delta(s)}{3}$. Finalement, la fonction g est majorée par $M\delta(z)^{-N}\left(\dfrac{\delta(z)}{3}\right)^{-1}$ dans le complémentaire de cette boule et g appartient à un ensemble borné fixe de $\mathcal{O}(\delta)$.

Il reste maintenant à prouver que la fonction δ_{B_1} est spectrale : l'existence d'éléments $u(s), y(s)$ bornés est facile à prouver dans le cas $\delta_{B_1}(s) > 0$, car en explicitant la définition de $\delta_{B_1}(s)$, on voit qu'il existe par exemple un élément $u(s)$ dans H et un élément $y(s)$ dans B_1 tels que

$$(z-s)\, u(s) + 2\,\delta_{B_1}(s)\, y(s) = 1 .$$

Comme $1-2\,\delta_{B_1}(s)\, y(s)$ est borné, $u(s)$ l'est aussi, d'après la propriété établie plus haut. En fait, cette propriété signifie que l'ensemble vide est régulier [*] pour z

---

[*] J.-P. FERRIER - Un problème de spectre dans les algèbres complètes, Séminaire Lelong 1969, Springer, lectures notes n° 116, p. 101-118, définition 1.

dans $\theta(\delta)$; il en découle aisément [*] que $\left\lceil \bar{\delta}_{B_1}^{\,1}(0)\right.$ est spectral pour z dans $\bar{H}$,
ce qui résoud le cas $\delta_{B_1}(s) = 0$, parce que l'on peut trouver une suite $u_n(s)$ dans H
et une suite $y_n(s)$ dans B_1 telles que :

$$(z-s)u_n(s) + 2^{-n} y_n(s) = 1 .$$

On montre alors que la suite $u_n(s)$ et de Cauchy et que si $u(s)$ est sa limite, cette
dernière est bornée sur $\left\lceil \bar{\delta}_{B_1}^{\,1}(0)\right.$ et vérifie :

$$(z-s)u(s) = 1 .$$

2. Convexité.

Posons la définition suivante :

DÉFINITION 1.-   Soit H une algèbre à unité de fonctions holomorphes sur un ouvert Ω
de $\mathbb{C}$; on dira qu'une fonction numérique positive δ sur Ω est H-convexe si $1/\delta$ est
la régularisée s.c.s. d'une enveloppe supérieure de fonctions $|f|$ où f est dans H .

La terminologie est suggérée ici par l'analogie avec le cas des algèbres de Banach. En
effet, si un compact K de Ω est H-convexe, dans le sens que tout point s de Ω qui
est tel que $|f(s)| \leqslant \sup_{t \in K} |f(t)|$ pour toute fonction f de H est dans K , on véri-
fie facilement que la fonction caractéristique de K est H-convexe. En particulier, si
K est un compact polynomialement convexe, sa fonction caractéristique l'est aussi. On
peut maintenant énoncer :

PROPOSITION 2.-   On garde les hypothèses et les notations de la proposition 1 ; si H
est une algèbre de fonctions holomorphes sur un ouvert Ω contenant $\left\lceil \bar{\delta}^{\,1}(0)\right.$, qui contienne les fonctions $\dfrac{f}{z-s}$ pour $f \in H$, $s \in \Omega$ et $f(s) = 0$, et les fonctions $(z-s)^{-1}$
pour $s \notin \Omega$, et si δ est H-convexe, alors δ est la régularisée semi-continue inférieurement $\widetilde{\delta}_{B_1}$ de δ_{B_1} et δ est en particulier spectrale pour z dans $\bar{H}$, et H est
dense dans $\sigma(\delta)$.

Démonstration : il suffit de prouver que $\delta = \widetilde{\delta}_{B_1}$, car on sait déjà que δ_{B_1} est
spectrale et qu'il existe alors une fonction spectrale $\delta_1 \leqslant \delta_{B_1}$ qui soit lipschitzienne et donc inférieure à $\widetilde{\delta}_{B_1}$. Plaçons-nous d'abord sur l'ouvert Ω. Par hypothèse,
$\dfrac{1}{\delta}$ est la régularisée s.c.s. de l'enveloppe supérieure d'une famille $|f_\alpha|$ où f_α est
une fonction de H . On a $|f_\alpha| \delta \leqslant 1$ pour tout α de sorte que, d'après le lemme 1, on
a encore $|f_\alpha| \delta_{B_1} \leqslant 1$; par suite $1/\delta$ est majorée par la régularisée s.c.s. de

---

[*] J.-P. FERRIER - Un problème de spectre dans les algèbres complètes, Séminaire Lelong
1969, Springer, lectures notes n° 116, p. 101-118, proposition 2.

$1/\delta_{B_1}$ qui est encore $1/\tilde{\delta}_{B_1}$, ce qui prouve l'inégalité $\delta \geqslant \tilde{\delta}_{B_1}$. D'autre part, le lemme 2 assure $\delta_B \geqslant \delta$, donc $\tilde{\delta}_{\tilde{B}} \geqslant \delta$, ce qui prouve l'égalité. Enfin, lorsque $s \notin \Omega$, l'hypothèse faite sur H montre que $\delta_B(s) = 0$.

Il résulte alors de la proposition 1 que δ est spectrale pour z dans $\bar{H}$. Enfin, le fait que H soit dense dans $\mathcal{O}(\delta)$ résulte de ce que le calcul symbolique définit alors un morphisme $\mathcal{O}(\delta) \longrightarrow \bar{H}$, qui, joint au morphisme $\bar{H} \longrightarrow \mathcal{O}(\delta)$, assure l'égalité $\bar{H} = \mathcal{O}(\delta)$.

On déduit aussitôt de la proposition 2, l'énoncé suivant :

COROLLAIRE 1.- <u>Soit δ une fonction positive sur $\mathbb{C}$ équivalente à une fonction δ_1 lipschitzienne et telle que $|z|\delta_1$ soit bornée et à une fonction δ_2 qui soit H-convexe, où H vérifie les hypothèses de la proposition 2 ; alors, δ est spectrale pour z dans $\bar{H}$, et H est dense dans $\mathcal{O}(\delta)$.</u>

En prenant pour H des sous-algèbres particulières de $\mathcal{O}(\delta)$, on obtient les énoncés qui suivent :

COROLLAIRE 2.- <u>Soient δ une fonction positive sur $\mathbb{C}$ équivalente à une fonction δ_1 , lipschitzienne et telle que $|z|\delta_1$ soit bornée et δ' une autre fonction ayant les mêmes propriétés telle que $\delta' \geqslant \delta$; si δ est $\mathcal{O}(\delta')$-convexe, alors $\mathcal{O}(\delta')$ est dense dans $\mathcal{O}(\delta)$.</u>

On vérifie, en effet, aussitôt que l'ouvert $\Omega = \complement\,\bar{\delta}^1(0)$ contient l'ouvert $\complement\,\bar{\delta'}^1(0)$ et que si $f \in \mathcal{O}(\delta')$, $\delta'(s) > 0$ et $f(s) = 0$, alors $\dfrac{f}{z-s} \in \mathcal{O}(\delta')$: en effet $g = \dfrac{f}{z-s}$ est holomorphe et $(z-s)g \in \mathcal{O}(\delta')$; au cours de la démonstration de la proposition 1, on a établi que dans ce cas $g \in \mathcal{O}(\delta')$. D'autre part, il est clair que $(z-s)^{-1} \in \mathcal{O}(\delta')$ pour $\delta'(s) = 0$.

COROLLAIRE 3.- <u>Soit δ comme dans le corollaire 2 ; si δ est polynomialement convexe, les polynômes sont denses dans $\mathcal{O}(\delta)$.</u>

Ce n'est que l'application du corollaire 2 au cas où $\delta' = \delta_0$; c'est aussi une conséquence facile du corollaire 1 dans lequel $\Omega = \mathbb{C}$.

<u>Remarque</u> : L'hypothèse que H contient les fonctions $(z-s)^{-1}$ pour $s \notin \Omega$ n'est pas essentielle ; sans cette hypothèse, on sait que $\delta(s) = \tilde{\delta}_{B_1}(s)$ lorsque $\delta(s) > 0$. La propriété s'étend aux points s qui adhèrent à l'ensemble $\complement\,\bar{\delta}^1(0)$, puisqu'alors :

$$\tilde{\delta}_{B_1}(s) \leqslant \lim_{\substack{t \longrightarrow s \\ (t) > 0}} \inf \; \delta(t) = 0 .$$

Il ne reste qu'à étudier le cas des points intérieurs à $\bar{\delta}^1(0)$.

En fait, la densité de H dans $\mathcal{O}(\delta)$ est conservée, car, si on introduit une fonction $\delta_1 \leqslant \delta_{B_1}$ spectrale pour z dans $\bar{H}$, qui soit lipschitzienne et telle que

$|z|\delta_1$ soit bornée, le calcul symbolique définit encore un morphisme $\mathcal{O}(\delta_1) \longrightarrow \bar{H}$. Or, l'ouvert $\complement\,\bar{\delta}^1(0)$ est, puisque δ_1 est continue, fermé dans l'ouvert $\complement\,\delta_1^{-1}(0)$; on définit un morphisme $\mathcal{O}(\delta) \longrightarrow \mathcal{O}(\delta_1)$, en prolongeant par zéro hors de l'ouvert $\complement\,\bar{\delta}^1(0)$ les fonctions de $\mathcal{O}(\delta)$, soit finalement un morphisme $\mathcal{O}(\delta) \longrightarrow \bar{H}$, qui assure encore l'égalité $\bar{H} = \mathcal{O}(\delta)$ cherchée.

3. Cas de plusieurs variables.

On désigne maintenant par $z = (z_1,\ldots, z_n)$ l'application identique de $\mathbb{C}^n$ et on se donne une fonction δ positive, lipschitzienne sur $\mathbb{C}^n$ telle que $|z|\delta$ soit bornée et une sous-algèbre $H \ni 1$ et z_i de $\mathcal{O}(\delta)$. Si B_1 désigne le disque borné de H des fonctions f de H telles que $|f|\delta \leq 1$, on pose encore :

$$\delta_{B_1}(s) = d\big(1 , \big(\sum_{i=1}^{n} (z_i - s_i)H\big) \cap E_{B_1}\big)$$

la distance étant prise dans l'espace normé E_{B_1} .

Le lemme 2 s'étend sans difficulté et il en résulte que l'on a toujours $\delta_{B_1} \geq \varepsilon$. En revanche, il n'en est pas de même du lemme 1 et de la proposition 1. La propriété de H (qui, rappelons-le, a la structure induite par $\mathcal{O}(\delta)$) permettant d'étendre ces deux énoncés est la suivante, qui dépend d'un ensemble S de $\mathbb{C}^n$:

R_S) <u>Si pour une fonction</u> f <u>de</u> H <u>et un point</u> $s = (s_1,\ldots, s_n)$ <u>de</u> S , <u>on a</u> $f(s_1,\ldots, s_n) = 0$, <u>alors on peut écrire</u> $f = \sum_{i=1}^{n} (z_i - s_i)g_i(s)$ <u>où les</u> $g_i(s)$ <u>sont des fonctions de</u> H , <u>de façon que si</u> f <u>varie dans un ensemble borné et</u> s <u>dans l'ensemble</u> S , <u>les</u> $g_i(s)$ <u>puissent être choisies dans un ensemble borné de</u> $\mathcal{C}(\delta_0, H)$.

Cette propriété est, elle, la conjonction des deux propriétés :

$R_S 1$) <u>Si pour une fonction</u> f <u>de</u> H <u>et un point</u> $s = (s_1,\ldots, s_n)$ <u>de</u> S , <u>on a</u> $f(s_1,\ldots, s_n) = 0$, <u>alors</u> f <u>appartient à l'idéal engendré dans</u> H <u>par les</u> $(z_i - s_i)$.

$R_S 2$) <u>Pour tout ensemble borné</u> B <u>de l'idéal</u> $\sum_{i=1}^{n} (z_i - s_i)H$, <u>il existe un entier</u> N <u>et un ensemble borné</u> B' <u>de</u> H <u>tel que si</u> f <u>est dans</u> B <u>et</u> s <u>dans</u> S , <u>on puisse trouver des</u> $g_i(s)$ <u>dans</u> $\delta_0^{-N}(s)B'$ <u>de façon que</u> $f = \sum_{i=1}^{n} (z_i - s_i)g_i(s)$.

Un cas particulier intéressant est celui où la sous-algèbre H est celle des fonctions polynomiales ; la propriété $R_S 1$) est alors satisfaite de façon évidente pour $S = \mathbb{C}^n$ et on pourra, dans ce cas au moins, appliquer le :

LEMME 1 bis.- <u>Avec les notations qui précèdent, supposons la propriété</u> $R_S 1$) <u>satisfaite pour un ensemble</u> S <u>et une algèbre</u> H <u>de fonctions sur</u> S . <u>Alors, pour toute fonction</u> f <u>de</u> B_1 <u>et tout point</u> $s = (s_1,\ldots, s_n)$ <u>de</u> S , <u>on a</u> :

$$|f(s)|\, \delta_{B_1}(s) \leq 1 .$$

En effet, pour tout $\varepsilon > 0$ et tout point s de S , on peut trouver une forme linéaire continue μ_s de norme ≤ 1 sur E_{B_1} , nulle sur $(\sum_{i=1}^{n} (z_i-s_i)H) \cap E_{B_1}$ et telle que $\mu_s(1) \geq (1-\varepsilon)\delta_{B_1}(s)$. Pour toute fonction f de B_1 et tout point s de S , on peut, d'après $R_S 1)$, trouver des fonctions $g_1 , \ldots, g_n$ de H telles que :

$$f = f(s) + (z_1-s_1)g_1 + \ldots + (z_n-s_n)g_n$$

d'où, en appliquant μ_s aux deux membres et en faisant tendre ε vers zéro, l'inégalité cherchée.

Quant à la proposition 1, qui nous intéresse le plus, on peut étendre la démonstration donnée dans le cas d'une variable en utilisant la propriété $R_S 2)$. En effet, pour tout $\varepsilon > 0$, on peut trouver, par la définition de $\delta_{B_1}(s)$, une fonction $u_\varepsilon(s)$ de H et une fonction $y_{0,\varepsilon}(s)$ de B_1 telles que $u_\varepsilon(s) + (\delta_{B_1}(s) + \varepsilon)y_{0,\varepsilon}(s) = 1$. Or, la fonction $u_\varepsilon(s) = 1 - (\delta_{B_1}(s) + \varepsilon)y_{0,\varepsilon}(s)$ reste dans l'ensemble borné $1 + (\delta_{B_1}(s) + 1)B_1$ si $\varepsilon \leq 1$,de sorte que, par la propriété $R_S 2)$, on peut trouver des fonctions $u_{1,\varepsilon}(s) , \ldots, u_{n,\varepsilon}(s)$ qui soient bornées indépendamment de $\varepsilon < 1$ dans $\mathscr{C}(\delta_o, H)$ et telles que :

$$(z_1-s_1)u_{1,\varepsilon}(s) + \ldots + (z_n-s_n)u_{n,\varepsilon}(s) + (\delta_{B_1}(s) + \varepsilon)y_{0,\varepsilon}(s) = 1 .$$

Une application du lemme fondamental montre que l'on peut alors trouver des fonctions $u_1(s) , \ldots, u_n(s), y_o(s)$ dans $\mathscr{C}(\delta_o, H)$ telles que :

$$(z_1-s_1)u_1(s) + \ldots + (z_n-s_n)u_n(s) + \delta_{B_1}(s)y_o(s) = 1 ,$$

si, par exemple $S = \mathbb{C}^n$, ou si S est assez grand pour qu'une formule analogue puisse être établie pour $s \notin S$, ce qui est le cas lorsque $H = \theta(\delta')$ avec $\delta' \geq \delta$ et si $S = \complement \bar{\delta}^1(0)$ est holomorphiquement convexe, d'après I. Cnop [1] .

Il reste à dire comment on peut établir la propriété $R_S)$. Contrairement au cas $n = 1$, on doit utiliser ici les majorations de L. Hörmander pour l'opérateur d'' ; on ne peut cependant pas appliquer directement le résultat de L. Hörmander [2] sur les générateurs de l'algèbre $\theta(\delta)$, parce que $|z_1-s_1| + \ldots + |z_n-s_n|$ s'annule au point s . On doit faire des hypothèses sur δ et la sous-algèbre H ; les détails sur cette question seront donnés ailleurs.

*

* *

§ 6.- ENSEMBLES SPECTRAUX D'UNE SOUS-ALGÈBRE ;

APPLICATIONS

On compare les ensembles spectraux pour un élément a dans des algèbres A , A'
où A' est une sous-algèbre de A contenant a . On donne des exemples d'ensembles
spectraux pour a dans A qui le restent pour toute sous-algèbre A' . Ces exemples
généralisent les compacts simplement connexes de la théorie des algèbres de Banach.
A partir de là, on construit des fonctions δ positives, lipschitziennes sur $\mathbb{C}$ et
telles que $|z|\delta$ soit bornée, qui soient équivalentes à des fonctions polynomia-
lement (ou rationnellement) convexes. On en déduit, d'un autre côté, par l'intermé-
diaire du calcul symbolique, des énoncés d'approximation polynomiale des fonctions
holomorphes tempérées sur un ouvert de $\mathbb{C}$. Une difficulté se présente lorsqu'on
doit itérer l'approximation, du fait que l'adhérence n'est pas toujours fermée ;
pour tourner cette dernière, on introduit des systèmes inductifs d'espaces à bornés,
que l'on appelle ind-espaces.

1. Introduction.

La méthode que nous utilisons dans ce paragraphe pour calculer le spectre est la comparaison entre le spectre dans une grande algèbre et celui dans une sous-algèbre; il se
peut, en effet, qu'en agrandissant l'algèbre, le calcul soit beaucoup plus facile. On peut
être guidé dans ce sens par le cas des algèbres de Banach.

Soit, par exemple, K un compact de $\mathbb{C}$ et P(K) l'adhérence des fonctions polynomiales
dans l'algèbre de Banach $\mathscr{C}(K)$ des fonctions numériques complexes continues sur K . On
sait que, pour prouver que toute fonction f holomorphe au voisinage de K est limite
uniforme sur K de polynômes, il suffit de définir, au moyen du calcul symbolique, f(z)
dans P(K) , et donc de prouver que le spectre de z dans P(K) est K . Or, on vérifie
aussitôt que le spectre de z dans $\mathscr{C}(K)$ est identique à K . Pour déterminer le spectre de z dans la sous-algèbre de Banach P(K) , nous allons utiliser le résultat élémentaire suivant :

LEMME.- Soient A une algèbre de Banach à unité, A' une sous-algèbre unitaire fermée de A et a un élément de A' ; la frontière fr sp(a;A') du spectre de a dans
A' est contenue dans celle fr sp(a;A) du spectre de a dans A .

Comme on a clairement $sp(a;A) \subset sp(a;A')$, il suffit de voir que si $z \in fr\ sp(a;A')$,
alors $z \in sp(a;A)$. On sait qu'il existe une suite z_n dans $\mathbb{C}$ telle que $a-z_n$ soit
inversible dans A' ; si alors z n'appartenait pas à sp(a;A) , a-z serait inversible
et on aurait dans A :

$$(a-z)^{-1} = \lim_{n \longrightarrow \infty} (a-z_n)^{-1}$$

ce qui montrerait que $(a-s)^{-1}$ appartient à A' , d'où l'absurdité.

COROLLAIRE.- <u>Avec les notations du lemme</u>, $sp(a;A')$ <u>est contenu dans le complémentaire de la composante connexe non bornée</u> Ω <u>de</u> $\complement sp(a;A)$; <u>en particulier, si</u> $\complement sp(a;A)$ <u>est connexe</u>, $sp(a;A) = sp(a;A')$.

Autrement dit, on passe de $sp(a;A)$ à $sp(a;A')$ en bouchant un certain nombre de trous. En effet, si Ω rencontrait l'ensemble $sp(a;A')$,comme il rencontre aussi son complémentaire, d'après Bourbaki [*] , Ω rencontrerait sa frontière, donc celle de $sp(a;A)$, elle-même contenue dans $sp(a;A)$, ce qui est absurde. En particulier, si $\complement K$ est connexe, on a donc $sp(z,P(K)) = K$, ce qui est le résultat cherché.

On peut espérer avoir des énoncés analogues dans la théorie des algèbres complètes. Il faut voir cependant que le problème de comparer les spectres $\Delta(a;A)$ et $\Delta(a;A')$ est très difficile dans le cas général. En effet, si A est une algèbre $\mathscr{C}(\delta)$ et a l'application identique z de $\mathbb{C}^n$, on voit aisément [**] que $\delta \in \Delta(z; \mathscr{C}(\delta))$, d'après la relation :

$$\sum_{i=1}^{n} (z_i - s_i) \frac{(\bar{z}_i - \bar{s}_i)(\delta(z) - \delta(s))}{|z-s|^2 \delta(z)} + \frac{\delta(s)}{\delta(z)} = 1 .$$

Si maintenant A' est la sous-algèbre $\mathscr{O}(\delta)$, le problème de savoir si $\delta \in \Delta(z; \mathscr{O}(\delta))$ est en revanche d'une difficulté assez grande ; pour sa solution, qui fait appel aux majorations de L. Hörmander pour l'opérateur d" , nous renvoyons à I. Cnop [1] .

Ici, nous étudierons surtout le cas des ensembles spectraux pour un seul élément, c'est-à-dire le cas d'une seule variable avec une fonction δ du type δ_S . Il reste néanmoins des difficultés ; une partie de celles-là vient de ce que le spectre d'un élément d'une algèbre de Banach est toujours compact, alors que le filtre spectral d'un élément d'une algèbre complète n'est pas nécessairement le filtre des voisinages d'un compact ; il peut ne pas y avoir d'ensemble spectral borné : c'est le cas pour z dans l'algèbre $\mathscr{O}(\delta_o)$ qui, d'après le théorème de Liouville, est encore l'algèbre $\mathbb{C}[z]$ des polynômes, puisque le seul ensemble spectral pour z est $\mathbb{C}$. Pour un ensemble spectral non borné, lorsqu'on réduit l'algèbre, on risque de boucher des composantes connexes non bornées du complémentaire. De même, pour un ensemble spectral S tel que $\complement S$ soit connexe, on peut boucher des composantes connexes de $\complement \bar{S}$.

2. On considère dans ce paragraphe une algèbre complète commutative à unité A , une sous-algèbre unitaire A' de A et un élément a de A' . On désigne toujours par $\bar{A}'$ l'adhérence de A' dans A au sens du § 1, c'est-à-dire l'algèbre complète $\varinjlim_{B} \overline{A' \cap E_B}$ où B parcourt l'ensemble des disques bornés de A et où $\overline{A' \cap E_B}$ désigne

---

[*] Topologie Générale, chapitre I, § 11, proposition 3.
[**] [4] , chapitre 7, § 39, n° 1.

l'adhérence dans l'espace normé E_B u sous-espace $A' \cap E_B$.

Soit B un disque borné de A ; pour tout point s de $\mathbb{C}$ tel que $(a-s)^{-1}$ soit défini dans A on pose :

$$\rho_B(s) = d((a-s)^{-1} , A' \cap E_B)$$

la distance entre $(a-s)^{-1}$ et le sous-espace $A' \cap E_B$ étant prise dans l'espace normé E_B .

Un premier lemme a pour objet la comparaison entre ρ_B et la fonction δ_B définie au § 5.

LEMME 1.- Si S est spectral pour a dans A , pour tout disque borné B' de A' , il existe un disque borné B de A tel que l'on ait sur S :

$$\rho_B(s) \leqslant \delta_{B'}(s) .$$

Démonstration : Soient $\varepsilon > 0$ et s dans $\int S$. On peut trouver des éléments u , y_o dans A' , avec y_o dans B' , tels que

$$(a-s)u + (\delta_B(s) + \varepsilon)y_o = 1 .$$

Soit encore :

$$u + (\delta_B(s) + \varepsilon)(a-s)^{-1} y_o = (a-s)^{-1} .$$

Par suite, si B contient $(a-s)^{-1} B'$, il vient

$$\rho_B(s) \leq \delta_{B'}(s) + \varepsilon ,$$

d'où l'inégalité cherchée.

L'intérêt de la fonction ρ_B réside dans l'énoncé qui suit :

LEMME 2.- On garde les notations du lemme 1. Si le disque borné B contient 1 , $(a-s)^{-1}$ pour s dans $\int S$, et les produits de trois de ces éléments, la fonction $-\log \rho_B$ est surharmonique au sens large dans $\int S$.

Démonstration : On a, en effet :

$$\log \rho_B(s) = \sup \log |\mu(a-s)^{-1})|$$

la borne supérieure étant prise sur l'ensemble des formes linéaires continues μ sur E_{B^3}, de norme ≤ 1 , orthogonales à $A' \cap E_B$. Comme l'application $x \longmapsto \log|\mu(x)|$ de E_B dans $\mathbb{R}$ est plurisousharmonique au sens large, et que $\log \rho_B$ est continue, il suffit de vérifier que l'application $s \longmapsto (a-s)^{-1}$ de $\int S$ dans E_B est analytique. On voit d'abord qu'elle est lipschitzienne en écrivant :

$$(a-s')^{-1} - (a-s')^{-1} = (s'-s)(a-s)^{-1}(a-s')^{-1} ,$$

puis dérivable sur $\mathbb{C}$, en utilisant la continuité de l'application $s' \longmapsto (a-s')^{-1}$, et même continuement dérivable puisque, de la même façon, l'application $s \longmapsto -(a-s)^{-2}$ est continue.

On peut maintenant énoncer le :

THÉORÈME 1.- <u>Soient</u> S <u>un ensemble spectral pour</u> a <u>dans</u> A <u>et</u> Ω <u>une composante</u> <u>connexe de</u> $\complement \overline{S}$; <u>on suppose que</u> A' <u>est une algèbre de fonctions holomorphes en</u> a <u>sur</u> <u>un ouvert contenant</u> Ω <u>telle que si</u> f(a) <u>est défini et</u> f(s) = 0 <u>pour</u> s <u>dans</u> Ω , <u>alors</u> $(\frac{f}{z-s})(a)$ <u>soit défini. Dans ces conditions, l'une des deux assertions qui suivent</u> <u>est vraie</u> :

    1) $(a-s)^{-1}$ <u>adhère à</u> A' <u>pour tout point</u> s <u>de</u> Ω ;

    2) <u>pour toute famille</u> f_α <u>de fonctions holomorphes telle que</u> f_α (a) <u>soit défini et</u> <u>borné dans</u> A' , <u>il existe une fonction surharmonique</u> (resp. <u>harmonique</u>) <u>positive</u> φ <u>sur</u> Ω <u>telle que l'on ait</u> $|f_\alpha$ (s)$| \leq e^{\varphi(s)}$ <u>sur</u> Ω .

<u>Démonstration</u> : Si $(a-s)^{-1}$ n'adhère pas à A' pour un point de Ω , la fonction $-\log \rho_B$ n'est pas identique à $+\infty$ et est donc surharmonique pour tout disque borné B de A qui satisfait aux hypothèses du lemme 5. Si alors f_α est une famille de fonctions holomorphes telle que f_α (a) soit défini et borné dans A' , et si B' est un disque borné contenant 1 et les f_α (a) , on a, d'après le lemme 1, pour tout point s de Ω , $|f_\alpha$ (s)$| \delta_{B'}$(s) $\leq$ 1 , donc si B est assez grand $|f_\alpha$ (s)$| \rho_B$(s) $\leq$ 1 , soit encore $|f_\alpha$ (s)$| \leq e^{-\log \rho_B(s)}$. Si on veut une majorante e^φ avec φ surharmonique, il suffit de remplacer $-\log \rho_B$(s) par la réduite sur Ω de $\sup_\alpha \log |f_\alpha|$.

Si, par suite, la propriété 2) n'est vraie pour aucune composante connexe Ω de S' $\cap \complement \overline{S}$ où S' est un ensemble ouvert de $\mathbb{C}$ spectral pour a dans $\overline{A}'$, il en résulte que $\overline{S}$ est spectral pour a dans $\overline{A}'$, donc aussi $\overset{\circ}{\overline{S}}$. Par suite, si l'on suppose que S $\supset \overset{\circ}{\overline{S}}$, l'ensemble S lui-même est spectral pour a dans $\overline{A}'$. Le théorème 1 ramène donc la comparaison des spectres σ(a;A) et σ(a;$\overline{A}'$) à l'étude de propriétés du type 2) pour les ensembles spectraux S tels que S $\supset \overset{\circ}{\overline{S}}$. Il améliore un énoncé antérieur de l'auteur [(*)] dont la démonstration nécessitait l'utilisation du calcul symbolique.

On peut déduire, d'autre part, du théorème 1, des lemmes 1, 2,

COROLLAIRE 1.- <u>Si</u> S <u>est spectral pour</u> a <u>dans</u> A <u>et si</u> S' <u>est l'ensemble des</u> <u>points</u> s <u>qui sont dans</u> S <u>ou tels que</u> $(a-s)^{-1}$ <u>n'adhère pas à</u> A' , <u>pour toute fonc-</u> <u>tion spectrale</u> δ' <u>pour</u> a <u>dans</u> $\overline{A}'$, $-\log \delta'$ <u>est majorée sur</u> $\complement (\delta'(0) \cup \overline{S})$ <u>par une</u> <u>fonction surharmonique positive.</u>

En effet, il existe un disque borné B' dans A' tel que l'on ait $\delta' \geq \delta_{B'}$, puis un disque borné B dans A tel que $\delta_{B'} \geq \rho_B$ d'après le lemme 1, et la proposition résulte aussitôt du lemme 2.

Cet énoncé montre qu'il n'est pas toujours possible d'étendre une algèbre complète de

---

[(*)] J.-P. FERRIER - Un problème de spectre dans les algèbres complètes, séminaire Lelong, 1969, Springer, lectures notes n° 116, p. 101-118, proposition 6.

façon que $(a-s)^{-1}$ soit défini et borné sur le complémentaire d'un ensemble régulier [*]
S . Si on considère, par exemple, une algèbre de fonctions entières $\mathcal{O}(\delta)$ où δ est
strictement positive et $-\log \delta$ sousharmonique et si on cherche à plonger cette algèbre
dans une algèbre complète plus grande de façon que $(z-s)^{-1}$ soit défini et borné pour s
dans un ouvert Ω de $\mathbb{C}$, le corollaire 1 impose que $-\log \delta$ soit majorée sur Ω par une
fonction surharmonique positive, ce qui, lorsque, par exemple, Ω est un secteur angulaire
d'angle φ et δ la fonction $e^{-|z|^{\alpha}}$ impose la relation $\frac{\pi}{\varphi} > \alpha$.

2. Nous allons maintenant donner des conséquences du théorème 1 qui précède en l'appliquant à des cas particuliers.

PROPOSITION 1.- <u>Soit</u> S <u>un ensemble spectral pour</u> a <u>dans</u> A . <u>On suppose</u> :
 1) <u>que</u> $\overset{\circ}{S} \subset S$, $\left[\,\overline{S} \right.$ <u>est connexe et contient un secteur d'angle</u> $\varphi > 0$;

 2) <u>qu'il existe une suite</u> M_n <u>de nombres</u> > 0 <u>telle que la suite</u> $M_n^{\frac{1}{n}}$ <u>soit croissante,</u>
<u>que</u> $\sum_n M_n^{-\frac{\pi}{n\varphi}} = \infty$ <u>et que la suite</u> $\frac{a^n}{M_n}$ <u>soit bornée dans</u> A .

<u>Alors</u> S <u>est spectral pour</u> a <u>dans</u> $\overline{A}'$; <u>par suite,</u> $f(a)$ <u>adhère à</u> A' <u>pour toute</u>
<u>fonction</u> f <u>de</u> $\mathcal{O}(\delta_S)$, <u>où</u> $\delta_S(s) = \text{Min}(\delta_0(s), d(s, \left[S))$.

<u>Démonstration</u> : On vérifie d'abord qu'une translation ne modifie pas le caractère des
données : si z_0 est un point de $\mathbb{C}$ et si on pose $M_n' = 2^n(1+|z_0|)^n$, il est clair que
la suite $M_n'^{\frac{1}{n}}$ est encore croissante et la série $M_n'^{-\frac{\pi}{n\varphi}}$ divergente. D'autre part,
$(a+z_0)^n / M_n'$ est la somme de 2^n termes du type $z_0^p\, a^{n-p} / M_n'$ que l'on peut encore écrire
$2^{-n} \dfrac{z_0^p}{(1+|z_0|)^n} \dfrac{M_{n-p}}{M_n} \dfrac{a^{n-p}}{M_{n-p}}$, c'est-à-dire $2^{-n}\lambda_{n,p} \dfrac{a^{n-p}}{M_{n-p}}$ où $|\lambda_{n,p}| \leq 1$, de sorte que
la somme de ces termes appartient à l'enveloppe disquée de la suite $\frac{a^n}{M_n}$, qui est elle-
même bornée. Il est d'autre part immédiat qu'une rotation n'affecte pas non plus les données. Il est donc possible de se ramener au cas où le secteur A d'angle φ des hypothèses a son sommet à l'origine, l'un de ses côtés suivant la demi-droite réelle positive et
où il contient les points du demi-plan supérieur voisins de cette dernière.

Considérons alors les frontières polynomiales $p_n(z) = \sum_{m=0}^{n} \dfrac{z^n}{2^m M_m}$; la suite $p_n(a)$
est dans l'enveloppe convexe de la suite $\frac{a^n}{M_n}$ et est donc bornée. Par suite, d'après le
théorème 1, si on suppose, par l'absurde, que $(a-s)^{-1}$ n'adhère pas à A' pour au moins

---

un s de $\complement\,\bar{\bar{S}}$, on en déduit qu'il existe une fonction harmonique positive φ dans $\complement\,\bar{\bar{S}}$ telle que e^{φ} majore la suite $|p_n(z)|$. Nous allons voir que cela est impossible et pour cela considérer l'intégrale :

$$\int_{M_1}^{\infty} \log(p_n(x))\, x^{-1\,-\,\frac{\pi}{\varphi}}\, dx\ .$$

Suivant une variante d'un calcul classique $^{(*)}$, on pose $a_n = M_n^{\frac{1}{n}}$ et on minore cette intégrale par :

$$\sum_{m=1}^{n-1} \int_{2e\,a_m}^{2e\,a_{m+1}} \log(\tfrac{x}{2a_m})^m\, x^{-1\,-\,\frac{\pi}{\varphi}}\, dx + \int_{2e\,a_n}^{\infty} \log(\tfrac{x}{2a_n})^n\, x^{-1\,-\,\frac{\pi}{\varphi}}\, dx\ ,$$

soit, à un facteur près, par :

$$\sum_{m=1}^{n-1} m\left(a_m^{-\frac{\pi}{\varphi}} - a_{m+1}^{-\frac{\pi}{\varphi}}\right) + n\, a_n^{-\frac{\pi}{\varphi}}$$

c'est-à-dire finalement par la somme $\displaystyle\sum_{m=1}^{n} M_m^{-\frac{\pi}{m\varphi}}$; comme c'est la somme partielle d'une série divergente, l'intégrale étudiée n'est pas bornée quand n varie. Or, si z_0 est un point de $\overset{\circ}{A}$ et $d\mu_{z_0}^{\overset{\circ}{A}}$ la mesure harmonique au point z_0 relativement au domaine $\overset{\circ}{A}$, on doit avoir :

$$\int_{\partial A} \log^{+}|p_n(x)|\ d\mu_{z_0}^{\overset{\circ}{A}}(x) \le \int_{\partial A} \varphi(x)\ d\mu_{z_0}^{\overset{\circ}{A}}(x)$$

et le second membre est majoré par $\varphi(z_0)$ à cause de la surharmonicité de φ .

Enfin, un calcul élémentaire, à l'aide de la transformation conforme $z \longmapsto z^{\frac{\varphi}{\pi}}$, montre que la mesure harmonique au point $e^{\frac{i\varphi}{2}}$ est la mesure :

$$\frac{1}{\varphi}\ \frac{|z|^{\frac{\pi}{\varphi}-1}\ |dz|}{1 + |z|^{\frac{2\pi}{\varphi}}}\ ,$$

qui, si l'on se restreint à la partie du bord $[M_1, \infty[$, est à un facteur borné près $x^{-1\,-\,\frac{\pi}{\varphi}}\, dx$; enfin, toujours sur $[M_1, \infty[$, on a $\log^{+}|p_n(x)| = \log(p_n(x))$.

On a donc prouvé que $(a-s)^{-1}$ adhère à A' pour tout point s de $\complement\,\bar{\bar{S}}$. Il en résulte, d'après la continuité de l'application $s \longmapsto (a-s)^{-1}$ en dehors de tout ensemble spectral, que $(a-s)^{-1}$ est dans $\bar{A}'$ pour tout point s de $\complement\,\bar{\bar{S}}$, donc de $\complement S$ si l'on a supposé $\overset{\circ}{\bar{S}} \subset S$. Par suite, S est spectral pour a dans $\bar{A}'$ et on peut appliquer le calcul symbolique qui montre que si f est une fonction de $\mathcal{O}(\delta_S)$, l'élément $f(a)$ est

---

$^{(*)}$ Voir, par exemple, pour $\varphi = \pi$, R. Carleman ou bien W. Rudin, Real and complex Analysis, p. 378.

dans $\overline{A}'$.

Par la transformation $z \longmapsto (z-s_0)^{-1}$, on déduit aussitôt de la proposition 1, la :

PROPOSITION 2.- _Soit_ S _un ensemble spectral pour_ a _dans_ A . _On suppose_ :

1) _que_ $\overset{\circ}{S} \subset S$, _que_ $\complement \overline{S}$ _est connexe et qu'il existe un point_ s_0 _de_ $\overline{S}$ _tel qu'au voisinage de_ s_0 , $\complement \overline{S}$ _contienne un secteur limité par deux arcs de cercle se coupant en_ s_0 _d'angle_ $\varphi > 0$;

2) _qu'il existe une suite_ M_n _de nombres_ > 0 _telle que la suite_ $M_n^{\frac{1}{n}}$ _soit croissante, que_ $\sum M_n^{-\frac{\pi}{n\varphi}} = \infty$ _et que la suite_ $\dfrac{(a-s_0)^{-n}}{M_n}$ _soit bornée dans_ A .

Alors, si A' _contient_ $(a-s_0)^{-1}$, S _est spectral pour_ a _dans_ $\overline{A}'$ _et pour toute fonction_ f _de_ $\mathcal{O}(\delta_S)$, _l'élément_ f(a) _adhère à_ A' .

En combinant à la fois les propositions 1 et 2, on obtient encore l'énoncé qui suit :

PROPOSITION 3.- _Soit_ S _un ensemble spectral pour_ a _dans_ A _tel que_ $\overset{\circ}{S} \subset S$, _et que_ $\complement \overline{S}$ _ait un nombre fini de composantes connexes. On désigne par_ $\Omega_1 , \ldots , \Omega_p$ _celles qui ne sont pas bornées et par_ $\Omega_{p+1} , \ldots , \Omega_q$ _celles qui le sont. On suppose en outre que_ :

1) _pour_ $i \leqslant p$, Ω_i _contient un secteur d'angle_ $\varphi > 0$ _et il existe une suite_ M_n _de nombres_ > 0 _telle que la suite_ $M_n^{\frac{1}{n}}$ _soit croissante, que_ $\sum\limits_n M_n^{-\frac{\pi}{n\varphi}} = \infty$ _et que la suite_ $\dfrac{a^n}{M_n}$ _soit bornée_ ;

2) _pour_ $i > p$, _il existe un point_ s_i _tel qu'au voisinage de_ s_i , Ω_i _contienne un secteur limité par deux arcs de cercle se coupant en_ s_i , _d'angle_ $\varphi_i > 0$, _et il existe une suite_ $M_{n,i}$ _telle que la suite_ $M_{n,i}^{\frac{1}{n}}$ _soit croissante, que_ $\sum\limits_n M_{n,i}^{-\frac{\pi}{n\varphi_i}} = \infty$ _et que la suite_ $\dfrac{(a-s_i)^{-1}}{M_{n,i}}$ _soit bornée dans_ A .

Alors S _est spectral pour_ a _dans_ $\overline{A}'$ _et pour toute fonction_ f _de_ $\mathcal{O}(\delta_S)$, _l'élément_ f(a) _adhère à_ A' , _dès que_ A' _contient les_ $(a-s_i)^{-1}$.

La proposition 1 appliquée au cas où, S étant un ensemble ouvert de $\mathbb{C}$, A est l'algèbre $\mathcal{O}(\delta_S)$ et A' l'algèbre des fonctions polynomiales, c'est-à-dire l'algèbre $\mathcal{O}(\delta_0)$, donne un résultat d'approximation polynomiale des fonctions holomorphes f sur S dont la croissance au bord est limitée par la condition $|f| \leqslant M \delta_S^{-N}$, pour une constante positive M et un entier positif N : la proposition assure qu'il existe un autre entier positif N' et une suite p_n de fonctions polynomiales tels que la suite $|f - p_n| \delta_S^{N'}$ tende vers zéro uniformément sur S . De la même façon, les propositions 2 et 3 donnent des résultats d'approximation rationnelle avec pôles imposés des fonctions de $\mathcal{O}(\delta_S)$.

3. Notions d'adhérence.

Dans ce qui précède, nous avons appliqué la théorie spectrale à l'adhérence $\overline{A}'$ d'une sous-algèbre A' de l'algèbre complète A. Cette méthode présente cependant un inconvénient, du fait qu'a priori la double adhérence $\overline{\overline{A}}'$ diffère de la simple adhérence $\overline{A}'$, lorsqu'on veut itérer des résultats d'approximation ; on risque, en effet, d'obtenir des énoncés assurant, par exemple, que tout élément a de A est limite d'une suite convergente a_n où chaque a_n est limite d'une suite convergente d'éléments de A', énoncés peu commodes. On pourrait penser qu'il s'agit de prouver par un argument d'Analyse Fonctionnelle que l'on a toujours $\overline{\overline{A}}' = \overline{A}'$ dans les cas considérés. Or, cela impliquerait que l'ensemble $\overline{A}'$ est fermé dans A. L'algèbre A sera le plus souvent une algèbre à bornés $\mathcal{O}(\delta)$, donc un espace à bornés à base dénombrable, séparé et non normable ; on peut montrer [*] que dans tout espace de ce type, il existe des parties dont l'adhérence ne soit pas fermée. On peut alors invoquer la structure vectorielle de A', mais c'est encore insuffisant [**].

Une autre idée consiste à modifier le choix qui a été fait de $\overline{A}'$, que l'on va noter ici $\alpha(A)$, et de chercher une autre algèbre complète A_1 contenant A' à laquelle on puisse appliquer la théorie. Plusieurs solutions sont a priori possibles :

1) la plus simple aurait consisté à prendre pour A_1 la fermeture $\varphi(A)$ de A', i.e. le plus petit ensemble fermé au sens de Mackey dans A qui contienne A' : $\varphi(A)$ est une sous-algèbre fermée de A, donc complète et on peut appliquer la théorie sans difficulté. C'est cette méthode que j'ai utilisée au début, mais du point de vue de l'approximation concrète, les énoncés obtenus sont affaiblis parce que l'on prouve seulement que tout élément de A peut être atteint à partir d'éléments de A' au bout d'un nombre transfini de limites de suites.

2) afin de réunir les avantages de l'adhérence et de la fermeture, on peut essayer de définir une adhérence $\alpha_1(A')$, lorsuqe A, A' sont des espaces à bornés avec un morphisme $A' \longrightarrow A$, de la façon suivante : un ensemble borné de $\alpha_1(A')$ est un ensemble de limites de suites d'un ensemble borné de A' relativement à un même disque borné B de A. En ce sens, on a des morphismes :

$$A' \longrightarrow \alpha_1(A') \longrightarrow A .$$

$\alpha_1(A')$ est plus petite que $\alpha(A')$, mais lorsque A est complet, elle est encore complète. De plus, la transitivité est vérifiée : si on se donne $A'' \longrightarrow A'$ et si, par exemple, $x \in \alpha_1(\alpha_1'(A''))$, où $\alpha_1'(A'')$ est construite de façon analogue dans A', x est limite d'une suite bornée x_n de $\alpha_1(A'')$ relativement à un disque borné B de A ;

---

[*] B. Perrot – Sur le problème de la b-fermeture, Bordeaux 1969.

[**] Cela résulte d'une caractérisation obtenue par H. Hogbe-Nlend.

ensuite, chaque x_n est limite d'une suite $x_{n,p}$ bornée dans A'' indépendamment de n , relativement à un même disque borné B' de A' . On peut toujours supposer que $B \supset B'$, de sorte que x est limite, relativement à B , d'une suite bornée de A'' , et $x \in \alpha_1(A'')$ prise directement dans A . Cependant, cette notion est trop stricte, pour que l'on puisse y développer aisément les techniques spectrales.

3) On peut essayer de modifier la construction précédente, en considérant, pour tout disque borné B de A et tout disque borné B' de A' , l'adhérence $\overline{E_{B'} \cap E_B}$ de $E_{B'} \cap E_B$ dans E_B , et en posant :

$$\alpha_2(A') = \varinjlim_{B,B'} \overline{E_{B'} \cap E_B} \ ,$$

$\alpha_2(A')$ est munie d'une structure à bornés moins fine que celle du 2) ; lorsque A est complet, $\alpha_2(A')$ est toujours complète, et la transitivité est encore vérifiée. De plus, si on construit $\alpha'(A'')$ dans A' comme au § 1, puis $\alpha_2(\alpha'(A''))$ dans A , ce dernier espace s'envoie dans $\alpha(A'')$ construit directement dans A , et coïncide avec $\alpha(A'')$ lorsque A'' est absorbé par un ensemble borné de A' . Cette dernière construction permet d'itérer les résultats d'approximation, à condition cependant de compliquer les techniques habituelles. On peut remarquer que A' n'intervient ici, non pas par sa structure à bornés, mais par le système inductif $E_{B'}$ où B' parcourt l'ensemble des disques bornés de A' .

4. <u>Systèmes inductifs</u>.

On va essayer de développer un cadre dans lequel les techniques spectrales puissent être développées comme si la différence entre b-adhérence et b-fermeture n'existait pas.

Décidons d'appeler ind-espace un système inductif filtrant $(E_i)_{i \in I}$ d'espaces à bornés. Une ind-application de $(E_i)_{i \in I}$ dans $(F_j)_{j \in J}$ est la donnée d'un couple (φ, f) où φ est une application de I dans J et f une famille d'applications linéaires bornées $f_i : E_i \longrightarrow F_{\varphi(i)}$ telle que les diagrammes :

$$
\begin{array}{ccc}
E_i & \xrightarrow{\ f_i\ } & F_{\varphi(i)} \\
\downarrow & & \searrow \\
E_{i'} & \xrightarrow[\ f_{i'}\ ]{} & F_{\varphi(i')} \longrightarrow F_j
\end{array}
$$

soient commutatifs ; l'application φ sera appelée la filtration de (φ, f) . Une ind-algèbre sera la donnée d'un ind-espace $E = (E_i)_{i \in I}$ et d'une multiplication $E \times E \longrightarrow E$, c'est-à-dire d'un couple (φ, f) où φ est une application de $I \times I$ dans I et f une famille d'applications bilinéaires bornées $f_{i,j} : E_i \times E_j \longrightarrow E_{\varphi(i,j)}$ compatible avec les morphismes structuraux de $E \times E$ et E .

Un ind-espace $(E_i)_{i \in I}$ sera dit complet si chaque E_i est complet ; le complété de $(E_i)_{i \in I}$ est tout simplement $(\hat{E_i})_{i \in I}$.

A tout espace à bornés E on peut associer un ind-espace en considérant le système inductif des E_B où B parcourt l'ensemble des disques bornés de E . Inversement, tout ind-espace $(E_i)_{i \in I}$ donne naissance à un espace à bornés, à savoir $\varinjlim E_i$.

Un cas important est celui où I est le monoïde ordonné $\mathbb{Z}_*$; on dira que (f, φ) a la filtration k si φ est l'application $m \longmapsto k+m$. Si on impose aux applications $E_k \longrightarrow E_\ell$ d'être injectives, on retrouve la notion d'espace à bornés filtré ; une application linéaire bornée est de filtration $\leq k$ si on peut la représenter à l'aide d'une ind-application de filtration k . Un autre cas particulier est celui où $A = \mathbb{N}$, cas que l'on peut ramener au précédent en posant $E_k = 0$ pour $k < 0$.

On conviendra d'appeler sous-ind-espace de l'ind-espace $E = (E_i)_{i \in I}$, la donnée d'une famille $F = (F_i)_{i \in I}$ où F_i est un sous-espace de E_i tel que pour $i \leq j$, l'application linéaire bornée $E_i \longrightarrow E_j$ envoie F_i dans F_j . L'adhérence de F est le sous-ind-espace obtenu en prenant pour tout i l'adhérence de F_i dans E_i . La fermeture $\overline{F}$ de F est le sous-ind-espace $(\overline{F}_i)_{i \in I}$ où, pour tout i , $\overline{F}_i$ est la fermeture de F_i dans E_i ; on dira que F est dense si $\overline{F} = E$ et que F est fermé si $\overline{F} = F$. On vérifie aussitôt que lorsque les E_i sont semi-normés, l'adhérence de F est fermée.

Lorsqu'on a des ind-espaces emboîtés $(G_i) \subset (F_i) \subset (E_i)$, chacun muni d'une structure plus fine que le suivant, si on prend la fermeture de G dans F , puis celle de cette dernière dans E , on obtient le même résultat qu'en prenant directement la fermeture de G dans E . Si l'on veut qu'elle coïncide avec l'adhérence, il suffit que les E_i soient semi-normés. Lorsqu'on voudra prendre des adhérences successives dans des espaces à bornés emboîtés $G \subset F \subset E$, on devra toujours "filtrer" ces espaces à l'aide des espaces semi-normés de la structure du dernier. Lorsqu'on a seulement un sous-espace vectoriel F d'un espace à bornés E , $\overline{F}$ est l'ind-espace $(\overline{F \cap E_B})$ où B parcourt l'ensemble des disques bornés de E . Il lui correspond l'espace à bornés $\varinjlim \overline{F \cap E_B}$, qui est complet lorsque E l'est, mais qui n'est pas un sous-espace à bornés de E .

Dans un ind-espace, on ne peut parler de suite convergente ou de Cauchy qu'en précisant à l'espace à bornés E_i . Le calcul symbolique est une ind-application de $\mathcal{O}(\delta)$ (indexé par $\mathbb{N}$ ou $\mathbb{Z}_*$) dans l'ind-algèbre complète A , dont on doit préciser la filtration, ce qui apporte en fait une information complémentaire.

5. Approximation itérée.

Nous allons déduire de la proposition 2, l'énoncé suivant :

PROPOSITION 4.- <u>Soit</u> S <u>un ensemble ouvert borné de</u> $\mathbb{C}$, <u>tel que</u> $\overset{\circ}{\overline{S}} = S$ <u>et que</u> $\complement S$ <u>ait deux composantes connexes, l'une, non bornée,</u> Ω_∞ , <u>et l'autre, bornée,</u> Ω_o . <u>On suppose qu'il existe un point</u> s_o <u>adhérent à</u> Ω_∞ <u>tel qu'au voisinage de</u> s_o , Ω_o <u>contienne un secteur d'angle</u> φ (<u>avec</u> $0 < \varphi < 2\pi$) <u>de sommet</u> s_o <u>et un entier</u> N <u>tel que la série</u>

$$\sum_{n \geq 0} \left(\sup_{z \in \mathbb{C}} \left(\delta_S^N(z) \big/ |z - s_o|^n \right) \right)^{\frac{\pi}{n\varphi}}$$

<u>soit divergente. Alors</u> $\overline{\mathcal{O}(\delta_o)} = \mathcal{O}(\delta_S)$.

Autrement dit, les polynômes sont denses dans l'algèbre des fonctions holomorphes tempérées sur S .

Pour établir cet énoncé, on doit modifier celui de la proposition 2 de la façon suivante :

PROPOSITION 2 bis.- <u>Soient</u> $A = \left(A_i\right)_{i \in I}$ <u>une ind-algèbre complète commutative à unité,</u> A' <u>une sous-ind-algèbre unitaire de</u> A , a <u>un élément de</u> A' <u>et</u> S <u>un ensemble spectral pour</u> a <u>dans</u> A . <u>On suppose</u> 1) <u>et</u> 2), <u>mais, dans cette dernière hypothèse, que</u> $\dfrac{(a-s_o)^{-n}}{M_n}$ <u>soit bornée dans</u> A' , <u>ce qui signifie qu'il existe un indice</u> i <u>tel que cette suite soit dans</u> A'_i <u>et bornée dans</u> A_i . <u>Alors</u> S <u>est spectral pour</u> a <u>dans</u> $\bar{A}'$.

La démonstration de la proposition 2 bis ne diffère pas de celle de la proposition 2. Voyons maintenant comment on peut en déduire la proposition 4. On désigne par S' le complémentaire de $\bar{\Omega}_\infty$ et on considère les espaces à bornés emboîtés :

$$\mathcal{O}(\delta_o) \longrightarrow \mathcal{O}(\delta_{S'}) \longrightarrow \mathcal{O}(\delta_S) .$$

On munit ces espaces d'une structure d'ind-espace en les filtrant par la filtration naturelle de $\mathcal{O}(\delta_S)$; par exemple $\mathcal{O}(\delta_{S'})$ devient le système inductif $\left(\varinjlim_{B' \in \mathcal{B}'_N} E_{B'}\right)_N$, où $\mathcal{B}'_N$ est l'ensemble des disques bornés B' de $\mathcal{O}(\delta_{S'})$ qui sont bornés dans ${}_N\mathcal{O}(\delta_S)$, c'est-à-dire tels que $|f|\delta_S^N$ soit bornée indépendamment de $f \in B'$; on remarquera que $\mathcal{O}(\delta_S)$ induit sur $\mathcal{O}(\delta_o)$ la filtration triviale.

Si $\overline{\mathcal{O}(\delta_o)}$ désigne la fermeture de $\mathcal{O}(\delta_o)$ dans l'ind-algèbre que l'on a associée à $\mathcal{O}(\delta_{S'})$, il suffit de prouver que S est spectral pour z dans la fermeture de $\overline{\mathcal{O}(\delta_o)}$ dans l'ind-algèbre $\mathcal{O}(\delta_S)$, puisque cette dernière coïncide avec l'adhérence de $\mathcal{O}(\delta_o)$ dans $\mathcal{O}(\delta_S)$ et que le calcul symbolique assure alors la densité cherchée.

Il faut donc vérifier, pour appliquer la proposition 2 bis, que si $M_n = \sup\limits_{z \in \mathbb{C}} \left(\delta_S(z)\big/ |z-s_o|^n\right)$, la suite $\dfrac{(z-s_o)^{-n}}{M_n}$ est bornée dans $\overline{\mathcal{O}(\delta_o)}$. Cela signifie qu'on peut trouver un entier N tel que $\dfrac{(z-s_o)^{-n}}{M_n}$ soit bornée dans ${}_N\mathcal{O}(\delta_S)$ et que, pour tout n , $(z-s_o)^{-n}$ soit dans la fermeture de $\mathcal{O}(\delta_o)$ dans l'espace à bornés $\varinjlim_{B' \in \mathcal{B}'_N} E_{B'}$. Il résulte aussitôt des hypothèses que l'on peut trouver un entier N_o tel que $\dfrac{(z-s_o)^{-n}}{M_n}$ soit bornée dans ${}_{N_o}\mathcal{O}(\delta_S)$. Nous allons voir qu'il suffit de prendre $N = N_o + 1$, en prouvant, par récurrence sur n , que $(z-s_o)^{-n}$ est dans la fermeture de $\mathcal{O}(\delta_o)$ dans $\varinjlim_{B' \in \mathcal{B}'_N} E_{B'}$. Pour $n = 1$, il est d'abord clair que $(z-s)^{-1}$ est dans cette fermeture, pour les points s du complémentaire de $\bar{S}$, puis, en approchant s_o par de tels points grâce au fait que $\bar{S} = S$, et en écrivant :

$$(z-s_0)^{-1} - (z-s)^{-1} = (s-s_0)(z-s_0)^{-1}(z-s)^{-1} \; ,$$

puisque $(z-s)^{-1}$ est borné dans $_1\mathcal{O}(\delta_S)$ et que $(z-s_0)^{-1}$ est dans $_{N_0}\mathcal{O}(\delta_S)$, en déduit aussitôt que $(z-s_0)^{-1}$ est encore dans cette fermeture. Supposons maintenant la propriété démontrée jusqu'à l'ordre $n-1$ et prouvons-la à l'ordre n . On sait encore que $(z-s_0)^{-n+1}(z-s)^{-1}$ est dans cette fermeture pour tout s du complémentaire de $\bar{S}$, puisque la multiplication par $(z-s)^{-1}$ ne change pas la filtration. On écrit alors :

$$(z-s_0)^{-n} - (z-s_0)^{-n+1}(z-s)^{-1} = (s-s_0)(z-s_0)^{-n}(z-s)^{-1} \; ,$$

ce qui achève la démonstration.

*
* *

§ 7.- UNE EXTENSION DES ESPACES DE HARDY LIÉE À L'APPROXIMATION

(par D. MOREL)

On introduit, dans ce paragraphe, des espaces à bornés complets $H_p(\Omega)$, avec $p > 0$, de fonctions holomorphes sur un ouvert Ω de $\mathbb{C}$ qui généralisent les espaces de Hardy du disque ; ces espaces sont liés à l'approximation rationnelle pour une semi-norme. Il se trouve que la structure à bornés est trop fine pour que, si F est un ensemble fermé de $\mathbb{C}$ disjoint de Ω , l'application $\mu \longmapsto \int \frac{d\mu(u)}{u-z}$ soit définie et bornée de $\mathcal{M}_1(F)$ dans $H_p(\Omega)$. La topologie bornivore localement convexe sur $H_p(\Omega)$ est en revanche trop grossière pour la résolution des problèmes d'approximation. On s'intéresse alors à la topologie bornivore non localement convexe sur $H_p(\Omega)$. En fait, tous les $H_p(\Omega)$ sont contenus dans une algèbre complète $H_{\log}(\Omega)$ qui est, pour la topologie bornivore, une algèbre topologique. Les constructions qui suivent peuvent être généralisées au cas de plusieurs variables, mais on s'est limité, dans cette rédaction, au cas d'une seule.

1. Espaces à bornés.

DÉFINITION 1.- Soient Ω un ouvert connexe de $\mathbb{C}$ et p un nombre réel > 0 . $H_p(\Omega)$ désigne l'ensemble des fonctions holomorphes f définies sur Ω , telles qu'il existe une fonction surharmonique positive φ sur Ω vérifiant : $|f|^p \leq \varphi$; une partie B de $H_p(\Omega)$ est dite bornée, s'il existe une majorante φ qui convienne pour toutes les fonctions de B .

Si D désigne le disque unité ouvert, $H_p(D)$ n'est autre que l'espace classique de Hardy, défini comme étant l'ensemble des fonctions holomorphes f sur D telles que :

$$\sup_{r < 1} \int_0^{2\pi} |f(re^{i\theta})|^p \, d\theta < +\infty .$$

En effet, si $|f|^p$ est majoré par une fonction harmonique φ sur U , f appartient à l'espace de Hardy, d'après l'inégalité :

$$\int_0^{2\pi} |f(re^{i\theta})|^p \, d\theta \leq \int_0^{2\pi} \varphi(re^{i\theta}) d\theta = 2\pi \varphi(0) .$$

D'autre part, si f appartient à l'espace de Hardy, pour tout réel $r < 1$, considérons la fonction f_r^p égale à $|f|^p$ en dehors du disque de rayon r , et égale à l'intérieur de ce disque à l'intégrale de Poisson de $|f|^p$. La famille $\{f_r^p\}_{0 \leq r < 1}$ est une famille filtrante croissante de fonctions sousharmoniques dans D , harmoniques dans tout disque de rayon $r < 1$ pour r assez grand, et on a :

$$\sup_{r < 1} f_r^p(0) = \sup_{r < 1} \frac{1}{2\pi} \int_0^{2\pi} |f(re^{i\theta})|^p \, d\theta < +\infty ,$$

ce qui prouve que cette famille converge dans D vers une fonction harmonique φ , qui majore $|f|^p$.

Il est classique que dans la définition 1, on peut supposer la fonction φ harmonique, quitte à la remplacer par sa réduite sur Ω , parce que, si f est holomorphe, $|f|^p$ est sous-harmonique.

L'espace vectoriel $H_p(\Omega)$, muni de la structure à bornés indiquée, est clairement un espace à bornés complet. On pourrait définir, de façon analogue, une algèbre complète en remplaçant la majoration $|f|^p \leq \varphi$ par la majoration $\log|f| \leq \varphi$, où φ est une fonction surharmonique (ou harmonique) positive sur Ω . Toutefois, si l'on ne fait pas de restriction supplémentaire sur φ , il est difficile de caractériser la topologie bornivore. C'est la raison pour laquelle on pose la définition qui suit :

DÉFINITION 2.- <u>Soit</u> Ω <u>un ouvert connexe de</u> $\mathbb{C}$ <u>et</u> s_o <u>un point de</u> Ω . $H_{\log}(\Omega)$ <u>dé-signe l'ensemble des fonctions holomorphes</u> f <u>sur</u> Ω <u>telles qu'il existe une fonction</u> <u>surharmonique positive</u> φ <u>sur</u> Ω <u>telle que</u> [(*)] :

$$\lim_{n \to +\infty} R^{\Omega}_{\varphi-n}(s_o) = 0 \quad \text{et} \quad |f| \leq e^{\varphi} \ .$$

<u>Une partie</u> B <u>de</u> $H_{\log}(\Omega)$ <u>est dite bornée, si on peut trouver une majorante</u> φ <u>qui</u> <u>convient pour toutes les fonctions de</u> B .

Remarques :

1) On peut supposer φ harmonique, puisque $\log^+|f|$ est sousharmonique dans Ω .

2) La définition de l'espace $H_{\log}(\Omega)$ ne dépend pas alors du point s_o , d'après les inégalités de Harnack.

3) $H_{\log}(\Omega)$ pourrait être défini comme l'ensemble des fonctions holomorphes définies sur Ω telles que : $\lim_{n \to +\infty} R^{\Omega}_{\log|f|-n}(s_o) = 0$, car on a, pour tout entier n :
$$R^{\Omega}_{R^{\Omega}_{\log|f|-n}} = R^{\Omega}_{\log|f|-n} \quad \text{dans } \Omega \ .$$

4) On aurait pu aussi définir $H_{\log}(\Omega)$ comme l'ensemble des fonctions holomorphes f sur Ω , telles qu'il existe une fonction surharmonique ψ telle que : $1+|f| \leq e^{\psi}$ et $\lim_{n \to +\infty} R^{\Omega}_{\psi-n}(s_o) = 0$, les bornés étant définis en conséquence. Cette définition a l'a-vantage de faire intervenir la fonction $\log(1+x)$ qui est sous-additive. Mais on ne peut plus remplacer ψ par une fonction harmonique, car $\log(1+|f|)$ n'est pas toujours sous-harmonique. L'équivalence entre les définitions données, résulte en particulier de ce que, si φ est une fonction surharmonique positive majorant $\log|f|$, $\varphi+\log 2$ majore $\log(1+|f|)$ et $\lim_{n \to +\infty} R^{\Omega}_{\varphi+\log 2-n}(s_o) = \lim_{n \to +\infty} R^{\Omega}_{\varphi-n}(s_o)$. La notion de borné est

---

[(*)] On rappelle que, si φ est une fonction réelle définie sur un ouvert Ω de $\mathbb{C}$, on appelle réduite de φ dans Ω , notée R^{Ω}_{φ} , l'enveloppe inférieure des fonctions hyper-harmoniques positives majorant φ . Si φ est sousharmonique et possède une majorante ≥ 0 surharmonique, R^{Ω}_{φ} est harmonique.

identique dans l'un et l'autre cas.

<u>Exemples</u> :

Si φ est solution d'un problème de Dirichlet avec une donnée au bord g intégrable pour les mesures harmoniques, on a $^{(*)}$:

$$R^{\Omega}_{\varphi-n}(s_o) = R^{\Omega}_{(\varphi-n)^+}(s_o) = H_{(g-n)^+}(s_o) = \int_{\partial\Omega} (g-n)^+ \, d\mu^{\Omega}_{s_o} \quad,$$

et le théorème de convergence dominée permet de conclure que :

$$\lim_{n \to +\infty} R^{\Omega}_{\varphi-n}(s_o) = 0 \; .$$

En revanche, la fonction définie dans le demi-plan P des points z de $\mathbb{C}$ tels que : $\operatorname{Im} z > 0$, par $\varphi(z) = \operatorname{Im} z$, qui est évidemment harmonique, est telle que $\lim_{n \to +\infty} R^{\Omega}_{\varphi-n}(s_o) > 0$ en tout point s_o de P .

PROPOSITION 1.- $H_{\log}(\Omega)$ <u>est une algèbre complète</u>.

Soient, en effet, f_1 et f_2 des fonctions de $H_{\log}(\Omega)$, φ_1 et φ_2 des majorantes surharmoniques convenables de f_1 et f_2 et λ un nombre complexe. $\varphi_1 + \varphi_2 + \log 2$ est une fonction surharmonique positive majorant $\log|f_1+f_2|$ et la condition sur les réduites est satisfaite d'après l'inégalité :

$$0 \leq R^{\Omega}_{\varphi_1+\varphi_2+\log 2-n} \leq R^{\Omega}_{\varphi_1+\log 2 - \frac{n}{2}} + R^{\Omega}_{\varphi_2 - \frac{n}{2}} \; .$$

De même, $\varphi_1+\varphi_2$ et $\varphi_1+\log^+|\lambda|$ sont des majorantes surharmoniques convenables de $\log|f_1\,f_2|$ et $\log|\lambda f_1|$. Par suite, $H_{\log}(\Omega)$ est une algèbre ; on démontre, de façon analogue, que c'est une algèbre à bornés.

Il reste à voir que $H_{\log}(\Omega)$ est une algèbre complète. Or, un système fondamental des parties bornées convexes équilibrées de $H_{\log}(\Omega)$ est constitué par les exemples B_φ de fonctions f de $H_{\log}(\Omega)$ vérifiant $\log|f| \leq \varphi$ pour une fonction φ harmonique positive telle que $\lim_{n \to \infty} R^{\Omega}_{\varphi-n}(s_o) = 0$. Les B_φ sont complétants, car la convergence dans E_{B_φ} implique la convergence sur tout compact dans Ω .

  2. <u>Topologies bornivores non localement convexes</u>.

Nous allons maintenant définir une topologie sur $H_{\log}(\Omega)$. Suivant la terminologie de $[3]$, une partie U de $H_{\log}(\Omega)$ est dite <u>bornivore</u>, si, pour tout borné B , il existe un nombre λ de $\mathbb{C}$ tel que $\lambda U \supset B$. On va voir que l'ensemble des parties bornivores est l'ensemble des voisinages de zéro pour une topologie d'algèbre sur $H_{\log}(\Omega)$. Pour le démontrer, on introduit les ensembles suivants, où s_o est un point donné de Ω :

$^{(*)}$ avec les notations de Brelot.

1) si ε est un nombre > 0 , on désigne par V_ε l'ensemble des fonctions f de $H_{\log}(\Omega)$ telles que $R^{\Omega}_{\log(1+|f|)}(s_o) \leq \varepsilon$;

2) si ε est un nombre > 0 et M un nombre ≥ 0 , on désigne par $W_{\varepsilon,M}$ l'ensemble des fonctions f de $H_{\log}(\Omega)$ telles que $R^{\Omega}_{\log(M|f|)}(s_o) \leq \varepsilon$.

PROPOSITION 2.- <u>Un système fondamental de parties bornivores est constitué par les en-sembles</u> V_ε $(\varepsilon > 0)$, <u>ou par les ensembles</u> $W_{\varepsilon,M}(\varepsilon > 0, M \geq 0)$.

Tout d'abord, tout $W_{\varepsilon,M}$ contient un $V_{\varepsilon'}$: comme M est compris entre deux entiers consécutifs $(n-1)$ et n , on peut écrire :

$$M|f| \leq n|f| \leq (1+|f|)^n ,$$

ce qui prouve que $W_{\varepsilon,M} \supset \dfrac{V_\varepsilon}{n}$.

De même, tout V_ε , contient un $W_{\varepsilon',M'}$, si on choisit M' tel que $\log(1 + \frac{1}{M'}) = \frac{\varepsilon}{2}$ et $\varepsilon' = \frac{\varepsilon}{2}$.

Tout $W_{\varepsilon,M}$ est une partie bornivore de $H_{\log}(\Omega)$; en effet, soit B un borné de $H_{\log}(\Omega)$; si φ est une majorante surharmonique positive qui convient pour B , il existe un entier n_o tel que :

$$R^{\Omega}_{\varphi - n_o}(s_o) \leq \varepsilon \quad .$$

$\lambda = e^{n_o}M$ est tel que $\lambda W_{\varepsilon,M} \supset B$, car pour toute fonction f de B

$$\log(|\tfrac{1}{\lambda}f|(s_o)) = \log|f(s_o)| - n_o \leq R^{\Omega}_{\log|f|-n_o}(s_o) \leq \varepsilon \quad .$$

Enfin, toute partie bornivore U contient un ensemble $W_{\varepsilon,M}$. Si cela n'était pas vrai, pour tout entier p , il existerait une fonction f_p de $W_{1/2^p,2^p}$ qui n'appartienne pas à U . Posons $\varphi_p = R^{\Omega}_{\log|f_p|}$. Alors la suite $\Phi_n = \sum\limits_{p=1}^{n} \varphi_p$ est une suite croissante de fonctions harmoniques, qui converge en s_o vers une valeur finie, donc converge partout sur Ω vers une fonction $\overline{\Phi}$ harmonique. Soit B l'ensemble des $2^p f_p$, où p parcourt $\mathbb{N}$. $\overline{\Phi}$ majore $\log|2^p f_p|$ pour tout entier p . De plus :

$$\lim_{n \to +\infty} R^{\Omega}_{\overline{\Phi}-n}(s_o) = 0 \quad .$$

En effet, si n , p , k sont des entiers, avec $k \leq p$, on peut écrire :

$$\Phi_p - n = (\varphi_1 - \tfrac{n}{k}) + (\varphi_2 - \tfrac{n}{k}) + \ldots + (\varphi_k - \tfrac{n}{k}) + \sum\limits_{j=k+1}^{p} \varphi_j ,$$

puis :

$$R^{\Omega}_{\Phi_p - n} \leq \sum\limits_{i=1}^{k} R^{\Omega}_{\varphi_i - \frac{n}{k}} + \sum\limits_{i=k+1}^{p} \varphi_i \leq \sum\limits_{i=1}^{k} R^{\Omega}_{\varphi_i - \frac{n}{k}} + \overline{\Phi} - \Phi_k ,$$

et à la limite :

$$R^{\Omega}_{\overline{\Phi} - n} \leq \sum\limits_{i=1}^{k} R^{\Omega}_{\varphi_i - \frac{n}{k}} + \overline{\Phi} - \Phi_k .$$

Pour tout $\varepsilon > 0$, il existe un entier k tel que $\Phi(s_o) - \Phi_k(s_o) \leq \frac{\varepsilon}{2}$ et il existe un entier N tel que $n \geq N$ entraîne $R^{\Omega}_{\varphi_i - \frac{n}{k}}(s_o) \leq \frac{\varepsilon}{2k}$ pour $i = 1, 2, \ldots, k$. Par suite, $n \geq N$ entraîne $R^{\Omega}_{\Phi - n}(s_o) \leq \frac{\varepsilon}{2} + \frac{\varepsilon}{2} = \varepsilon$. Donc :

$$\lim_{n \to +\infty} R^{\Omega}_{\Phi - n}(s_o) = 0 \ .$$

B étant une partie bornée de $H_{\log}(\Omega)$ et U étant bornivore, il existe λ dans $\mathbb{C}$ tel que $\lambda U \supset B$; alors, pour tout entier p , $2^p f_p$ appartient à λU . On peut supposer U équilibré, en le remplaçant éventuellement par son intérieur équilibré qui est encore bornivore. Pour n assez grand, $\frac{2^n}{|\lambda|}$ est supérieur à 1 et f_n appartient à U , ce qui apporte la contradiction.

PROPOSITION 3.- <u>L'ensemble des parties bornivores de</u> $H_{\log}(\Omega)$ <u>constitue l'ensemble des voisinages de zéro pour une topologie d'algèbre métrisable complète sur</u> $H_{\log}(\Omega)$.

On vérifie, en effet, facilement, que pour tous ε_1 , $\varepsilon_2 > 0$:

1) $V_{\inf(\varepsilon_1, \varepsilon_2)} \subset V_{\varepsilon_1} \cap V_{\varepsilon_2}$;

2) $V_{\varepsilon_1} + V_{\varepsilon_2} \subset V_{\varepsilon_1 + \varepsilon_2}$;

3) $(1 + V_{\varepsilon_1})(1 + V_{\varepsilon_2}) \subset 1 + V_{\varepsilon_1 + \varepsilon_2}$;

4) chaque V_{ε_1} est équilibré.

On a montré précédemment que tous les $W_{\varepsilon, M}$ étaient absorbants. Par conséquent, $H_{\log}(\Omega)$ a une structure d'algèbre topologique métrisable, non localement convexe puisque l'application $f \mapsto R^{\Omega}_{\log(1 + |f|)}(s_o)$ n'est pas une semi-norme.

Il reste à démontrer que $H_{\log}(\Omega)$ est complet pour la topologie. Soit f_n une suite de Cauchy dans $H_{\log}(\Omega)$. Les inégalités de Harnack montrent, Ω étant connexe, que f_n est une suite de Cauchy pour la convergence sur tout compact dans Ω .

Soit f la fonction holomorphe sur Ω , limite de la suite f_n . On peut extraire de la suite f_n une sous-suite f_{n_k} de façon que pour tout entier k :

$$R^{\Omega}_{\log 2^k \left| f_{n_k} - f_{n_{k_n}} \right|}(s_o) \leq \frac{1}{2^k} \ .$$

Posons : $\varphi_k = R^{\Omega}_{\log 2^k \left| f_{n_k} - f_{n_{k+1}} \right|}$. Alors $\Phi_n = \sum_{k=1}^{n} \varphi_k$ est une suite croissante de fonctions harmoniques, qui converge en s_o , donc partout sur Ω vers une fonction harmonique Φ , et $\lim_{n \to +\infty} R^{\Omega}_{\Phi - n}(s_o) = 0$. Pour tout entier k et tout entier p :

$$\left| f_{n_{k+p}} - f_{n_k} \right| \leq \sum_{i=1}^{p} \left| f_{n_{k+i}} - f_{n_{k+i-1}} \right| \leq \sum_{i=1}^{p} \frac{1}{2^{k+i-1}} \, e^{\varphi_{k+i-1}} \leq \frac{e^{\Phi}}{2^{k-1}} \ .$$

Si on fixe k et que l'on fait tendre p vers l'infini, on obtient : $\left| f_{n_k} - f \right| \leq \dfrac{e^{\Phi}}{2^{k-1}}$.
Ceci prouve que f appartient à $H_{\log}(\Omega)$ et que f_n converge vers f dans $H_{\log}(\Omega)$.

3. Application.

Soient respectivement F et Ω un ensemble fermé et un ensemble ouvert connexe de $\mathbb{C}$
tels que $F \cap \Omega = \emptyset$, et soit G un ensemble fermé de F . On peut prendre, par exemple,
pour F le complémentaire de Ω ou bien sa frontière, F , et pour G un ensemble fini de
points de F .

On désigne par $\mathcal{C}_F(\delta_{\complement_G})$ l'algèbre des fonctions numériques complexes, continues sur
$F \cap \complement G$ et $\delta_{\complement_G}$ tempérées, $\delta_{\complement_G}$ étant définie pour tout point s de $F \cap \complement G$ par :

$$\delta_{\complement_G}(s) = \mathrm{Max}(\delta_o(s) , d(s,G)) .$$

$\mathcal{C}_F(\delta_{\complement_G})$ contient en particulier les fonctions rationnelles régulières sur $F \cap \complement G$.
Soit H un sous-espace vectoriel de $\mathcal{C}_F(\delta_{\complement_G})$, contenant 1 , de fonctions continues
sur $(F \cap \complement G) \cup \Omega$, holomorphes sur Ω , telles que si, pour $f \in H$ et $s \in \Omega$, on a
$f(s) = 0$, alors $\dfrac{f(z)}{z-s} \in H$. L'espace H peut être, par exemple, l'algèbre des polynômes,
ou celle des fonctions rationnelles régulières sur une partie $T \supset (F \cap \complement G) \cup \Omega$. On
suppose enfin que $\mathcal{C}_F(\delta_{\complement_G})$ est muni d'une semi-norme π finie, croissante dans le sens
que $\pi(f) \leq \pi(g)$ dès que $|f| \leq |g|$.

PROPOSITION 4.- <u>Avec les notations qui précèdent, on suppose que l'application</u>
$\mu \longmapsto \displaystyle\int \dfrac{d\mu(u)}{u-z}$ <u>envoie continuement l'espace normé</u> $\mathcal{M}_1(F)$ <u>des mesures bornées sur</u> F
<u>dans l'algèbre</u> $H_{\log}(\Omega)$. <u>Alors :</u>

- <u>ou bien</u> $(z-s)^{-1}$ <u>adhère à H pour tout point</u> s <u>de</u> Ω ,
- <u>ou bien, il existe un point</u> s_o <u>de</u> Ω <u>tel que :</u>

$$\sup_{\substack{f \in H \\ \pi(f) \leq 1}} \int_{\partial\Omega} \log^+ |f(u)| \, d\mu_{s_o}^{\Omega}(u) < +\infty .$$

<u>Démonstration</u> : Si $(z-s)^{-1}$ n'adhère pas à H pour tout point s de Ω , il existe,
d'après le théorème de Hahn-Banach, une forme linéaire μ sur $\mathcal{C}_F(\delta_{\complement_G})$ continue pour
π , orthogonale à H et telle que $\mu(\dfrac{1}{z-s_o})$ soit différent de 0 , pour un point s_o
de Ω . La forme μ définit par restriction à $\mathcal{K}(F \cap \complement G)$ une mesure sur $F \cap \complement G$. On
vérifie que toute fonction de $\mathcal{C}_F(\delta_{\complement_G})$ est μ -intégrable et que l'on a : $\mu(f) =$
$\int f(u) \, d\mu(u)$. De plus, pour toute fonction f de H et tout s de Ω , $\dfrac{f(s)-f(u)}{s-u}$
appartient à H et, par suite :

$$f(s) \int \frac{d\mu(u)}{u-s} = \int \frac{f(u) \, d\mu(u)}{u-s} .$$

Ceci permet d'obtenir l'inégalité [*] :

$$\log^+ |f(s)| \leqslant \log^+ \left| \int \frac{f(u)\, d\mu(u)}{u-s} \right| + \log^+ \left| \int \frac{d\mu(u)}{u-s} \right| - \log \left| \int \frac{d\mu(u)}{u-s} \right|$$

pout tout s de Ω .

La démonstration sera achevée, si on peut majorer le deuxième membre de l'inégalité et la valeur en s_o de sa réduite , indépendamment de f quand f parcourt la boule unité de H . Or, la fonction $\log \left| \int \frac{d\mu(u)}{u-s} \right|$ est surharmonique puisque $\int \frac{d\mu(u)}{u-s}$ est une fonction holomorphe, non identiquement nulle dans Ω . Il reste à majorer les deux premiers termes qui sont du type :

$$\log^+ \left| \int \frac{d\nu(u)}{u-s} \right| \quad \text{avec } \nu = \mu \text{ ou } \nu = f\mu \quad \text{et } \|\nu\| \leqslant \pi(f)\|\mu\| \leqslant \|\mu\|.$$

Cette dernière fonction est elle-même majorée par la fonction $g(s) = \log(1+\left| \int \frac{d\nu(u)}{u-s} \right|)$; or, l'hypothèse de continuité qui a été faite assure, par exemple, l'existence d'un entier $n > 0$ tel que $\|\nu\| \leqslant \frac{\|\mu\|}{n}$ entraîne $R_g^{\Omega}(s_o) \leqslant 1$; il en résulte que $\|\nu\| \leqslant \|\mu\|$ entraîne $R_g^{\Omega}(s_o) \leqslant n$, ce qui achève la démonstration.

<u>Remarques</u> :

1) Il aurait été beaucoup plus simple de demander à l'application $\mu \longrightarrow \int \frac{d\mu(u)}{u-z}$ de $\mathcal{M}_1(F)$ dans $H_{\log}(\Omega)$ d'être bornée ; malheureusement, cette propriété n'a aucune chance d'avoir lieu. Prenons, en effet, l'exemple où $F = \Omega$ et $\nu = \varepsilon_u$, où u est un point de F . Il faudrait trouver une fonction surharmonique positive majorant $\log^+ \frac{1}{d(s,F)}$ et qui devrait donc tendre vers $+\infty$ en tout point du bord $\partial\Omega$, ce qui est impossible si $\partial\Omega$ est de mesure harmonique non nulle.

2) On pourrait espérer aussi interpréter $\int \frac{d\mu(u)}{u-s}$, comme l'intégrale de $u \longrightarrow \frac{1}{u-s}$ dans $H_{\log}(\Omega)$. Malheureusement, on ne peut pas travailler avec la bornologie car, pour la même raison que précédemment, l'application $u \longrightarrow \frac{1}{u-s}$ n'est pas bornée. D'un autre côté, la topologie n'étant pas localement convexe, l'intégration pour cette dernière n'est pas non plus aisée.

Il reste à dire un mot de la continuité de l'application $\mu \longmapsto \int \frac{d\mu(u)}{u-z}$; avec la convention que $H_o(\Omega) = H_{\log}(\Omega)$, on dira que la propriété $P(F,\Omega,p)$ est vérifiée, où p est un nombre réel de $[0,1[$, si cette application envoie continuement $\mathcal{M}_1(F)$ dans $H_p(\Omega)$. On peut faire les remarques suivantes :

1) si $P(F,\Omega,p)$ est vérifiée et si $\Omega' \subset \Omega$ et $F' \subset F$, alors $P(F',\Omega',p)$ est vérifiée ;

2) si $F = F_1 \cup F_2 \ldots \cup F_n$ et si $P(F_i,\Omega,p)$ est vérifiée pour tout i , alors $P(F,\Omega,p)$ est vérifiée.

---

[*] Ce calcul est tiré de H. Pollard - The Bernstein approximation problem, Proc. Amer. math. Soc., t. 6, 1955, p. 402-411.

On peut montrer [*] que la propriété $P(F,\Omega,p)$ est vérifiée si le bord de Ω est de classe $\mathscr{C}^2$ avec une courbure bornée et une direction de normale uniformément continue. Il en résulte, compte-tenu des remarques qui précèdent, que $P(F,\Omega,p)$ est vérifiée si Ω est un disque, un demi-plan, un secteur angulaire, le complémentaire d'un disque ... En revanche, si F est la demi-droite réelle positive et Ω son complémentaire, la propriété $P(F,\Omega,p)$ est vérifiée pour $p < \dfrac{1}{2}$ et ne l'est pas pour $p \geq \dfrac{1}{2}$.

*

* *

---

[*] J.-P. FERRIER - Ensembles spectraux et approximation polynômiale pondérée, Bull. Soc. math. France - 96, 1968, p. 289 à 335, théorème 2.

§ 8.- APPROXIMATION DES FONCTIONS HOLOMORPHES INTÉGRABLES

SUR UN OUVERT BORNÉ DE $\mathbb{C}$

(par B. ANDRÉ)

On étudie, dans ce paragraphe, l'approximation en norme $\mathscr{L}^1$ des fonctions holomorphes intégrables sur un ouvert borné Ω de $\mathbb{C}$, par des fonctions rationnelles régulières sur $\bar{\Omega}$; on montre d'abord que l'adhérence des fonctions rationnelles contient les fonctions holomorphes intégrables sur un ouvert Ω_1 contenant Ω , qui, dans les applications, pourra ne pas être un voisinage de $\bar{\Omega}$. Puisqu'il s'agit de l'approximation pour une norme qui n'est pas compatible avec la multiplication, on ne peut pas directement utiliser les résultats obtenus pour les algèbres complètes, mais la construction que l'on doit faire est assez analogue à celle du calcul symbolique ; on est seulement obligé ici de serrer de près les majorations, ce qui nécessite une méthode de régularisation des coefficients différente de celle de L. Waelbroeck [4] . Les techniques élaborées sont évidemment destinées au cas de plusieurs variables, mais seul le cas d'une variable est abordé ici. On donne enfin des applications à l'approximation polynomiale en norme $\mathscr{L}^1$ et des exemples d'ouverts Ω tels que $\complement\Omega$ soit connexe sans que $\complement\bar{\Omega}$ le soit où, suivant les cas, l'approximation a lieu ou non.

Première partie : approximation rationnelle.

1. Soit Ω un ouvert borné de $\mathbb{C}$. On note $\mathcal{O}\mathscr{L}^1(\Omega)$ l'espace vectoriel des fonctions holomorphes sur Ω , intégrables pour la mesure de Lebesgue sur Ω , muni de la norme $\mathscr{L}^1$ sur Ω . On sait que cette norme définit une topologie plus fine que celle de la convergence compacte dans Ω et que, par suite, $\mathcal{O}\mathscr{L}^1(\Omega)$ est un espace de Banach.

On note $\mathscr{R}(\Omega)$ l'algèbre des fonctions rationnelles régulières sur $\bar{\Omega}$ et $R_1(\Omega)$ l'adhérence de $\mathscr{R}(\Omega)$ dans $\mathcal{O}\mathscr{L}^1(\Omega)$. Le propos de ce qui suit est de donner des conditions sur Ω et sur un ouvert borné Ω_1 contenant Ω pour que $R_1(\Omega)$ contienne $\mathcal{O}\mathscr{L}^1(\Omega_1)$. On cherche, en particulier, à démontrer l'énoncé suivant :

THÉORÈME.- Soit Ω un ouvert borné de $\mathbb{C}$ tel que $\overset{\approx}{\Omega} = \Omega$ et soit Ω_1 un ouvert borné de $\mathbb{C}$ contenant Ω . Une condition suffisante pour que $R_1(\Omega)$ contienne les restrictions des fonctions de $\mathcal{O}\mathscr{L}^1(\Omega_1)$ est que :

$$\sup_{\substack{s \in \Omega_1 \\ s \notin \Omega_1}} \int_\Omega \frac{dx\,dy}{|z-s||z-s'|} < +\infty \ , \ \text{où } z = x+iy \ .$$

De plus, on peut se contenter de prendre la borne supérieure sur l'ensemble des couples (s,s') tels que $|s-s'| \leq k\,d(s,\complement\Omega)$, où k est une certaine constante > 1 .

La démonstration s'inspire des techniques spectrales. On désigne par δ la distance au complémentaire de Ω ; autrement dit $\delta(s) = d(s,\complement\Omega)$. Si s est un point de Ω , il

s'agit de trouver une fonction de $R_1(\Omega)$ assez proche de la fonction $z \longmapsto (z-s)^{-1}$.
On construit d'abord des fonctions $z \longmapsto u_1(s,z)$ et $z \longmapsto y_0(s,z)$ de $\mathcal{R}(\Omega)$, dépendant du paramètre s , telles que :

$$(1) \qquad (z-s)u_1(s,z) + \delta(s)y_0(s,z) = 1$$

$$(2) \qquad \delta(z)\,|\,y_0(s,z)| \leq \frac{4}{3} \ .$$

Il suffit, pour cela, de poser $u_1(s,z) = (z-t_s)^{-1}$ où t_s est un point de $\complement\bar{\Omega}$ tel que
$|t_s-s| \leq \frac{4}{3}\delta(s)$, puis $y(s,z) = 1-(z-s)u_1(s,z)$ et $y(s,z) = \delta(s)y_0(s,z)$. La propriété
(2) résulte de ce que :

$$|(z-s)u_1(s,z) - 1| = \left|\frac{t_s-s}{z-t_s}\right| \leq \frac{4}{3}\ \frac{\delta(s)}{\delta(z)}\ \ .$$

Les fonctions u_1 et y_0 ainsi construites n'ont aucune propriété de régularité relativement au paramètre s . Pour les rendre différentiables, on utilise une partition de
l'unité qui fait l'objet du sous-paragraphe qui suit :

2. Partition différentiable tempérée de l'unité dans Ω .

Ici, on suppose plus généralement que Ω est un ouvert borné de $\mathbb{C}^n$. On commence par
choisir un recouvrement ouvert tempéré ; un tel recouvrement est fourni par le lemme suivant qui est dû à Whitney [*]. Dans ce lemme, si K est un cube de $\mathbb{C}$ de centre a , K_α
désigne l'image de K dans l'homothétie de centre a et de rapport α ; de plus, on em-
ploie la notation $f \lesssim g$ pour dire qu'il existe une constante $k > 0$ telle que $f \leq kg$
et la notation $f \eqsim g$ pour la relation : $f \lesssim g$ et $g \lesssim f$.

LEMME.- Soit Ω un ouvert borné de $\mathbb{C}^n$ non vide. Il existe une suite de cubes fermés
$(K_p)_{p \in \mathbb{N}}$, tels que :

1) $\Omega = \bigcup_{p \in \mathbb{N}} K_p$;

2) $\mathring{K}_p \cap \mathring{K}_q = \emptyset$ si $q \neq p$;

3) soient ℓ_p la longueur de l'arête de K_p , et $\delta_p = d(K_p , \complement\Omega)$; alors :
$\frac{\delta_p}{2} \leq \ell_p \leq 2\,\delta_p$;

4) il existe $\alpha_0 > 1$ et $n_0 \in \mathbb{N}$, ne dépendant que de n tels que : si $s \in \Omega$ et
si E_s désigne l'ensemble des indices $p \in \mathbb{N}$ tels que $s \in K_{p,\alpha_0}$, alors :

(i) $K_{p,\alpha_0} \subset \Omega$ et donc $\Omega = \bigcup_{p \in \mathbb{N}} K_{p,\alpha_0}$;

(ii) card $E_s \leq n_0$;

(iii) $\delta_p \eqsim \delta(s)$ pour $s \in \Omega$ et $p \in E_s$.

---

[*] Cet énoncé, dû à Whitney, est tiré du cours de E. Stein, chap. IV, Orsay, 1967.

On construit, à partir de là, une partition de l'unité relativement au recouvrement $\overset{\circ}{K}_{p,\alpha_o}$. Soit ρ une fonction de classe $\mathscr{C}_\infty$ sur $\mathbb{C}^n$, dont le support est inclus dans la boule unité de $\mathbb{C}^n$ et telle que $\int_{R^{2n}} \rho\, dm = 1$, où dm désigne la mesure de Lebesgue sur R^{2n} . Soit β_p une fonction continue de $\mathbb{C}^n$ dans R^+ , telle que $0 \leq \beta \leq 1$, Supp $\beta_p \subset K_{p,\frac{\alpha_o}{2}}$ et $\beta_p(t) = 1$ pour t appartenant à $K_{p,\frac{\alpha_o}{4}}$. Posons, pour $p \in \mathbb{N}$:

$$\rho_p(t) = \frac{1}{(4\,\ell_p\alpha_o)^{2n}} \ \rho\!\left(\frac{t}{4\alpha_o\ell_p}\right) ,$$

et :

$$\psi_p = \beta_p * \rho_p .$$

La fonction ψ_p est de classe $\mathscr{C}_\infty$ sur $\mathbb{C}^n$; elle vérifie : supp $\psi_p \subset K_{p,\alpha_o}$ et $\sum_{p \in \mathbb{N}} \psi_p(s) \geq 1$ pour tout s de Ω ; pour s fixé, on a $\psi_n(s) = 0$ sauf pour un nombre fini d'indices p , à savoir ceux de E_s . Posons :

$$\varphi_p(s) = \frac{\psi_p(s)}{\sum_{p \in \mathbb{N}} \psi_p(s)} .$$

La fonction φ_p a les mêmes propriétés que φ et vérifie en outre $\sum_{p \in \mathbb{N}} \varphi_p(s) = 1$ pour tout $s \in \Omega$.

3. <u>Régularisation des coefficients.</u>

On se replace, ici, dans le cas d'une seule variable et on restitue à n le rôle d'indice. Pour régulariser u_1 , on considère le centre s_n de K_n et on pose
$$u(s,z) = \sum_{n \in \mathbb{N}} \varphi_n(s)u_1(s_n , z) \quad \text{pour } s,z \text{ dans } \Omega.$$ Autrement dit :
$$u(s,z) = \sum_{n \in \mathbb{N}} \varphi_n(s)(z-t_n)^{-1} , \quad \text{où } t_n = t_{s_n} ;$$ on vérifie aussitôt que $\delta(s_n) \leq \frac{\sqrt{2}}{2}\ell_n + \delta_n \leq 3\ell_n$, et par suite que $|s_n - t_n| \leq \frac{4}{3}\delta(s_n) \leq 4\ell_n$.

On obtient une évaluation de $|u(s,z)(z-s)-1|$ en écrivant :

$$u(s,z)(z-s)-1 = \sum_{n \in \mathbb{N}} \frac{\varphi_n(s)}{z-t_n}(z-s) - \sum_{n \in \mathbb{N}} \varphi_n(s) = \sum_{n \in \mathbb{N}} \varphi_n(s) \frac{t_n-s}{z-t_n} ;$$

or :

$$|\varphi_n(s)(t_n-s)| \leq \varphi_n(s)(|t_n-s_n| + (s_n-s)|) \leq \varphi_n(s)(4\,\ell_n + |s_n-s|)$$

et compte tenu de ce que $\varphi_n(s) = 0$ si $s \notin K_{n,\alpha_o}$, on obtient :

$$|\varphi_n(s)(t_n-s)| \lesssim \varphi_n(s)\,\ell_n , \quad \text{pour } n \in \mathbb{N} , \ s \in \Omega ;$$

puis :

$$|\varphi_n(s)(t_n-s)| \lesssim \varphi_n(s)\,\delta(s) , \quad \text{pour } s \in \Omega , \ n \in \mathbb{N} ;$$

et :

$$\left|u(s,z)(z-s)-1\right| \,\widetilde{\leq}\, \delta(s) \sum_{n \in \mathbb{N}} \frac{\varphi_n(s)}{|z-t_n|} \ , \quad \text{pour } s \in \Omega \,,\, z \in \Omega \ ;$$

soit finalement :

$$\left|u(s,z)(z-s)-1\right| \,\widetilde{\leq}\, \frac{\delta(s)}{\delta(z)} \ , \quad \text{pour } s \in \Omega \,,\, z \in \Omega \ .$$

Majorons maintenant $\dfrac{\partial}{\partial \bar{s}}\, u(s,z)$; il est tout d'abord immédiat que $\left|\dfrac{\partial}{\partial \bar{s}}\, \psi_n(s)\right| \widetilde{\leq} \dfrac{1}{\ell_n}$, pour $s \in \Omega$ et $n \in \mathbb{N}$. On en déduit facilement que $\left|\dfrac{\partial}{\partial \bar{s}}\, \varphi_n(s)\right| \widetilde{\leq} \dfrac{1}{\ell_n}$, pour $s \in \Omega$ et $n \in \mathbb{N}$, ou encore, d'après le lemme, que $\left|\dfrac{\partial}{\partial \bar{s}}\, \varphi_n(s)\right| \widetilde{\leq} \dfrac{1}{\delta(s)}$. D'autre part :

$$(z-s)\, \frac{\partial}{\partial \bar{s}}\, u(s,z) = \frac{\partial}{\partial \bar{s}}\,(u(s,z)(z-s)-1) = \sum_{n \in \mathbb{N}} \left(\frac{\partial}{\partial \bar{s}}\, \varphi_n(s)\right)\frac{t_n-s}{z-t_n} \ .$$

en procédant comme précédemment, on obtient :

$$\left|\frac{\partial}{\partial \bar{s}}\, \varphi_n(s)(t_n-s)\right| \widetilde{\geq} \left|\frac{\partial}{\partial \bar{s}}\, \varphi_n(s)\right| \delta(s) \ , \quad \text{pour } s \in \Omega \,,\, n \in \mathbb{N} \ ;$$

soit encore :

$$\left|\frac{\partial}{\partial \bar{s}}\, \varphi_n(s)(t_n-s)\right| \widetilde{\geq} 1 \ , \quad \text{pour } s \in K_{n,\alpha_0} \,,\, n \in \mathbb{N} \ .$$

Compte tenu du lemme, on obtient :

$$\left|\sum_{n \in \mathbb{N}} \frac{\partial}{\partial \bar{s}}\, \varphi_n(s)\, \frac{t_n-s}{z-t_n}\right| \widetilde{\geq} \frac{1}{\delta(z)} \ , \quad \text{pour } z \in \Omega \ ;$$

soit :

$$|z-s|\left|\frac{\partial}{\partial \bar{s}}\, u(s,z)\right| \widetilde{\geq} \frac{1}{\delta(z)} \ , \quad \text{pour } z \in \Omega \ .$$

On obtient aussi l'inégalité :

$$\frac{\partial}{\partial \bar{s}}\, u(s,z) \,\widetilde{\leq}\, \frac{1}{|z-s|}\left(\frac{1}{|z-t_{n_1}|} + \cdots + \frac{1}{|z-t_{n_k}|}\right) \quad \text{où } E_s = \{n_1 ,\ldots, n_k\},$$

$k \leq n_0$ et $|s-t_{n_j}| \widetilde{\geq} \delta(s)$, pour $s \in \Omega$, $j \in \{1 ,\ldots, k\}$.

Il en résulte facilement que pour z <u>fixé</u> dans Ω , $\dfrac{\partial}{\partial \bar{s}}\, u(s,z)$ est une fonction bornée de s ; par conséquent, si $h \in \mathcal{O}\mathcal{L}^1(\Omega)$, l'intégrale $\dfrac{1}{\pi}\displaystyle\int_\Omega \dfrac{\partial}{\partial \bar{s}}\, u(s,z)\, dv\, dw$, où $s = v+iw$, a un sens pour z fixé.

4. <u>Calcul de</u> $\dfrac{1}{\pi}\displaystyle\int_\Omega h(s)\, \dfrac{\partial}{\partial \bar{s}}\, u(s,z)\, dv\, dw$.

Il s'agit de prouver que cette intégrale est égale à $h(z)$ pour toute fonction h de $\mathcal{O}\mathcal{L}^1(\Omega)$.

Soit $\delta > 0$. Posons $H_\delta = \{s \in \Omega,\ d(s, \complement\Omega) \geq \delta\}$. On recouvre le compact H_δ par un nombre fini de carrés K_n (ce qui est possible bien que les K_n ne soient pas ouverts, car si $K_n \cap H_\delta \neq \emptyset$, alors $\ell_n \gtrsim \delta$) . Si on enlève les carrés superflus, ceux qui sont tels que $K_n \cap H_\delta = \emptyset$: alors H_δ est contenu dans une réunion $K_{n_1} \cup \dots \cup K_{n_r}$ que l'on note K_δ . Le bord de K_δ est inclus dans le bord des carrés K_{n_j} ainsi définis, qui sont tels que $K_{n_j} \cap H_\delta \neq \emptyset$, et donc que $\delta(s) \cong \delta$ pour $s \in K_{n_j}$, ou encore qu'il existe une constante $k_1 > 1$, telle que $K_{n_j} \subset H_{\frac{\delta}{k_1}}$ et $K_{n_j} \cap \complement H_{k_1 \delta} = \emptyset$.

Si l'on pose $I_\delta(z) = \dfrac{1}{\pi} \displaystyle\int_{K_\delta} h(s) \dfrac{\partial}{\partial \bar{s}} u(s,z)\, dv\, dw$, il s'agit de montrer que pour z fixé dans Ω , $I_\delta(z)$ tend vers $f(z)$ quand δ tend vers zéro. Si $z \in \overset{\circ}{K}_\delta$, donc pour δ assez petit, la formule de Cauchy donne :

$$h(z) = -\frac{1}{2i\pi} \int_{\partial K_\delta} \frac{h(s)}{z-s}\, ds$$

et la formule de Stokes :

$$I_\delta(z) = -\frac{1}{2i\pi} \int_{\partial K_\delta} h(s)\, u(s,z)\, ds\ ;$$

d'où :

$$h(z) - I_\delta(z) = -\frac{1}{2i\pi} \int_{\partial K_\delta} \frac{h(s)}{(z-s)}\, (1-(z-s)\, u(s,z))\, ds\ ;$$

puis :

$$|h(z) - I_\delta(z)| \leq \frac{1}{2\pi} \sum_{j=1}^{r} \left| \int_{\partial K_{n_j}} \frac{h(s)}{z-s}\, (1-(z-s)\, u(s,z))\, ds \right| .$$

Soit $s_1 \in \partial K_{n_j}$; on a :

$$|h(s_1)| \leq \frac{1}{\pi (1-\alpha_o)^2 \ell_{n_j}^2} \int_D |h(s)|\, dv\, dw\ ,$$

D désignant le disque de centre s_1 et de rayon $(1-\alpha_o)\ell_{n_j}$. On a trivialement $D \subset \left(K_{n_j}\right)_{\alpha_o}$, d'où :

$$|h(s_1)| \leq \frac{1}{\pi (1-\alpha_o)^2 \ell_{n_j}^2} \int_{\left(K_{n_j}\right)_{\alpha_o}} |h(s)|\, dv\, dw\ ,$$

et :

$$\int_{\partial K_{n_j}} |h(s)|\, ds \leq \frac{4 \ell_{n_j}}{\pi (1-\alpha_o)^2 \ell_{n_j}^2} \int_{\left(K_{n_j}\right)_{\alpha_o}} |h(s)|\, dv\, dw \gtrsim$$

$$\frac{1}{\ell_{n_j}} \int_{\left(K_{n_j}\right)_{\alpha_o}} |h(s)|\, dv\, dw\ .$$

D'autre part, de la majoration :

$$|1-(z-s)\, u(s,z)| \gtrsim \frac{\delta(s)}{\delta(z)}\ , \quad \text{pour } s \in \Omega\ ,\ z \in \Omega\ ,$$

on déduit :

$$|1-(z-s)\, u(s,z)| \gtrsim \frac{\delta}{\delta(z)}\ , \quad \text{pour } s \in K_{n_j}\ ,\ j \in E_\delta\ ,\ z \in \Omega\ .$$

Donc :

$$\left| \int_{\partial K_{n_j}} \frac{h(s)}{z-s}\,(1-(z-s)\,u(s,z))\,ds \right| \underset{\sim}{<} \frac{\delta}{\delta(z)\,\delta(z)}\ \frac{1}{\ell_{n_j}} \int_{\left(K_{n_j}\right)\alpha_o} h(s)\,dv\,dw$$

pour $j \in E_\delta$, $z \in \Omega$ et δ assez petit pour que $\left| \dfrac{1}{z-s} \right| \underset{\sim}{<} \dfrac{1}{\delta(z)}$ pour $z \in \Omega$, $s \in K_{n_j}$,

$j \in E_\delta$ ce qui est possible car $K_{n_j} \cap H_{k_1 \delta} = \emptyset$.

Donc, pour z fixé dans Ω , et δ assez petit, on a :

$$|h(z) - I_\delta(z)| \underset{\sim}{<} \frac{1}{\delta^2(z)} \sum_{j=1}^{r} \int_{\left(K_{n_j}\right)\alpha_o} |h(s)|\,dv\,dw \quad \text{car} \quad \ell_{n_j} \underset{\sim}{=} \delta \ , \ j \in E_\delta \ .$$

A l'aide de la propriété iii) du lemme, on montre facilement qu'il existe une constante $k_2 > 1$ telle que $\displaystyle\bigcup_{n \in N_\delta} K_n \subset \complement H_{k_2 \delta}$ où

$$N_\delta = \left\{ n \in \mathbb{N} \ , \ \left(K_n\right)\alpha_o \cap \left(\bigcup_{j \in E_\delta} K_{n_j} \right) \neq \emptyset \right\} .$$

Il en résulte alors que $\displaystyle\sum_{j=1}^{r} \int_{\left(K_{n_j}\right)\alpha_o} |h(s)|\,dv\,dw \leq n_o \int_{\complement H_{k_2 \delta}} h(s)\,dv\,dw$.

Or, cette dernière quantité tend vers zéro quand δ tend vers zéro, et finalement, on a montré que :

$$h(z) = \frac{1}{\pi} \int_\Omega h(s)\,\frac{\partial}{\partial \bar{s}}\,u(s,z)\,dv\,dw \ .$$

5. Approximation rationnelle.

On remplace maintenant Ω par un ouvert borné Ω_1 le contenant, et on suppose la construction qui précède faite pour Ω_1 ; si $h \in \mathcal{O}\mathcal{L}^1(\Omega_1)$, on a donc, en changeant les notations pour u :

$$h(z) = \frac{1}{\pi} \int_{\Omega_1} h(s)\,\frac{\partial}{\partial \bar{s}}\,u(s,z)\,dv\,dw \ .$$

On va maintenant chercher des conditions suffisantes pour que l'intégrale du second membre existe _fortement_ dans $\mathcal{O}\mathcal{L}^1(\Omega)$; s'il en est ainsi, h sera limite en norme dans $\mathcal{O}\mathcal{L}^1(\Omega)$ des intégrales I_δ pour $\delta > 0$,dont on vérifie aisément qu'elles sont dans $\mathcal{R}(\Omega)$ puisque $\dfrac{\partial}{\partial \bar{s}}\,u(s,z) = \displaystyle\sum_{n \in \mathbb{N}} \frac{\partial}{\partial \bar{s}}\,\varphi_n(s)\,\frac{1}{z-t_n}$ et que tous les termes, sauf un nombre fini, sont nuls sur le compact H_δ . Par suite, $f \in R_1(\Omega)$, ce qui démontre l'inclusion $\mathcal{O}\mathcal{L}^1(\Omega_1) \subset R_1(\Omega)$.

Pour que l'intégrale étudiée existe fortement dans $\mathcal{O}\mathcal{L}^1(\Omega)$, il suffit évidemment que :

$$\sup_{s \in \Omega_1} \int_\Omega \left| \frac{\partial}{\partial \bar{s}}\,(s,z) \right| dx\,dy < +\infty \ , \quad \text{où } z = x + iy \ .$$

Par suite, compte tenu de la majoration :

$$\left| \frac{\partial}{\partial \bar{s}}\, u(s,z) \right| \overset{\sim}{<} \frac{1}{|z-s|} \left(\frac{1}{|z-t_{n_1}|} + \ldots + \frac{1}{|z-t_{n_k}|} \right)$$

et de ce que $k \le n_o$, il suffit donc que :

$$\sup_{\substack{s \in \Omega_1 \\ s' \in \Omega_1}} \int_{\Omega} \frac{dx\, dy}{|z-s|\,|z-s'|} < +\infty \quad .$$

Enfin, puisque $|s-t_{n_i}| \overset{\sim}{>} \delta(s)$, on peut se limiter aux couples (s,s') qui vérifient, en outre, $|s-s'| \le k\, \delta(s)$.

<u>Remarque</u> : On ne peut pas choisir $\Omega_1 = \Omega$, parce que, pour un point frontière s , on a, en général, $\int_{\Omega} \frac{dx\, dy}{|z-s|^2} = +\infty$. Cependant il n'est pas nécessaire que Ω_1 contienne $\bar{\Omega}$; des points frontière s de Ω tels que $\int_{\Omega} \frac{dx\, dy}{|z-s|^2} < +\infty$ peuvent être aussi des points frontière de Ω_1 .

<u>Deuxième partie</u> : <u>exemples</u>.

1) Considérons l'ouvert Ω de $\mathbb{C}$ défini par la relation :

$$1 < |z| < 1+e^{-\frac{1}{|\theta|}} ,$$

où $\theta = \mathrm{Arg}\ z$, $-\pi \le \theta \le \pi$. Considérons aussi, pour $\varepsilon > 0$, l'ouvert Ω_ε défini par les relations :

$$1-\varepsilon < |z| < 1+\varepsilon +e^{-\frac{1}{|\theta|}} \quad , \quad z \notin \mathbb{R} .$$

On montre d'abord aisément que la limite inductive pour $\varepsilon > 0$ des espaces $\mathcal{O}\mathcal{L}^1(\Omega_\varepsilon)$ est dense dans $\mathcal{O}\mathcal{L}^1(\Omega)$ par une dilatation conforme de Ω sur la surface de Riemann de $\sqrt{z}$ par exemple. Pour établir que $R_1(\Omega) = \mathcal{O}\mathcal{L}^1(\Omega)$, il suffit alors de prouver que chaque Ω_ε peut jouer le rôle de Ω_1 dans le théorème, ce qui ne pose pas de difficulté. On peut enfin montrer que toute fonction de $\mathcal{R}(\Omega)$ est limite de polynômes dans $\mathcal{O}\mathcal{L}^1(\Omega)$ en appliquant les méthodes du § 7.

2) Si on définit maintenant Ω par les inégalités :

$$1 < |z| < 1+\theta^2 ,$$

où $\theta = \mathrm{Arg}\ z$, $-\pi \le \theta \le \pi$, on voit de la même façon que $R_1(\Omega) = \mathcal{O}\mathcal{L}^1(\Omega)$; en revanche, dans ce cas, l'adhérence dans $\mathcal{O}\mathcal{L}^1(\Omega)$ des polynômes est constituée de fonctions holomorphes dans l'ouvert :

$$|z| < 1+\theta^2 .$$

*
* *

BIBLIOGRAPHIE

[1] CNOP (I.).- Un problème de spectre dans certaines algèbres de fonctions holomor-
     phes à croissance tempérée, C.R. Acad. Sc. Paris (à paraître).

[2] HORMANDER (L.).- Generators for some rings of analytic functions, Bull. Am. Math.
     Soc., 73, p. 943-949, 1967.

[3] HOUZEL (C.).- Séminaire BANACH, Ecole Normale Supérieure, Paris, 1963.

[4] WAELBROECK (L.).- Etude spectrale des algèbres complètes, Mém. Cl. Sc. Acad. Roy.
     Belg., 31, fasc. 7, 1960.

[5] WAELBROECK (L.).- Lectures in spectral theory, Dep. Math. Univ. Yale, 1963.

[6] WAELBROECK (L.).- Théories des algèbres de Banach et des algèbres localement con-
     vexes - Montréal, été 1962, 2).

Lecture Notes in Mathematics

Vol. 1: J. Wermer, Seminar über Funktionen-Algebren. IV, 30 Seiten. 1964. DM 3,80 / $ 1.10

Vol. 2: A. Borel, Cohomologie des espaces localement compacts d'après. J. Leray. IV, 93 pages. 1964. DM 9,– / $ 2.60

Vol. 3: J. F. Adams, Stable Homotopy Theory. Third edition. IV, 78 pages. 1969. DM 8,– / $ 2.20

Vol. 4: M. Arkowitz and C. R. Curjel, Groups of Homotopy Classes. 2nd. revised edition. IV, 36 pages. 1967. DM 4,80 / $ 1.40

Vol. 5: J.-P. Serre, Cohomologie Galoisienne. Troisième édition. VIII, 214 pages. 1965. DM 18,– / $ 5.00

Vol. 6: H. Hermes, Term Logic with Choise Operator. III, 55 pages. 1970. DM 6,– / $ 1.70

Vol. 7: Ph. Tondeur, Introduction to Lie Groups and Transformation Groups. Second edition. VIII. 176 pages. 1969. DM 14,– / $ 3.80

Vol. 8: G. Fichera, Linear Elliptic Differential Systems and Eigenvalue Problems. IV, 176 pages. 1965. DM 13,50 / $ 3.80

Vol. 9: P. L. Ivănescu, Pseudo-Boolean Programming and Applications. IV, 50 pages. 1965. DM 4,80 / $ 1.40

Vol. 10: H. Lüneburg, Die Suzukigruppen und ihre Geometrien. VI, 111 Seiten. 1965. DM 8,– / $ 2.20

Vol. 11: J.-P. Serre, Algèbre Locale. Multiplicités. Rédigé par P. Gabriel. Seconde édition. VIII, 192 pages. 1965. DM 12,– / $ 3.30

Vol. 12: A. Dold, Halbexakte Homotopiefunktoren. II, 157 Seiten. 1966. DM 12,– / $ 3.30

Vol. 13: E. Thomas, Seminar on Fiber Spaces. IV, 45 pages. 1966. DM 4,80 / $ 1.40

Vol. 14: H. Werner, Vorlesung über Approximationstheorie. IV, 184 Seiten und 12 Seiten Anhang. 1966. DM 14,– / $ 3.90

Vol. 15: F. Oort, Commutative Group Schemes. VI, 133 pages. 1966. DM 9,80 / $ 2.70

Vol. 16: J. Pfanzagl and W. Pierlo, Compact Systems of Sets. IV, 48 pages. 1966. DM 5,80 / $ 1.60

Vol. 17: C. Müller, Spherical Harmonics. IV, 46 pages. 1966. DM 5,– / $ 1.40

Vol. 18: H.-B. Brinkmann und D. Puppe, Kategorien und Funktoren. XII, 107 Seiten, 1966. DM 8,– / $ 2.20

Vol. 19: G. Stolzenberg, Volumes, Limits and Extensions of Analytic Varieties. IV, 45 pages. 1966. DM 5,40 / $ 1.50

Vol. 20: R. Hartshorne, Residues and Duality. VIII, 423 pages. 1966. DM 20,– / $ 5.50

Vol. 21: Seminar on Complex Multiplication. By A. Borel, S. Chowla, C. S. Herz, K. Iwasawa, J.-P. Serre. IV, 102 pages. 1966. DM 8,– / $ 2.20

Vol. 22: H. Bauer, Harmonische Räume und ihre Potentialtheorie. IV, 175 Seiten. 1966. DM 14,– / $ 3.90

Vol. 23: P. L. Ivănescu and S. Rudeanu, Pseudo-Boolean Methods for Bivalent Programming. 120 pages. 1966. DM 10,– / $ 2.80

Vol. 24: J. Lambek, Completions of Categories. IV, 69 pages. 1966. DM 6,80 / $ 1.90

Vol. 25: R. Narasimhan, Introduction to the Theory of Analytic Spaces. IV, 143 pages. 1966. DM 10,– / $ 2.80

Vol. 26: P.-A. Meyer, Processus de Markov. IV, 190 pages. 1967. DM 15,– / $ 4.20

Vol. 27: H. P. Künzi und S. T. Tan, Lineare Optimierung großer Systeme. VI, 121 Seiten. 1966. DM 12,– / $ 3.30

Vol. 28: P. E. Conner and E. E. Floyd, The Relation of Cobordism to K-Theories. VIII, 112 pages. 1966. DM 9,80 / $ 2.70

Vol. 29: K. Chandrasekharan, Einführung in die Analytische Zahlentheorie. VI, 199 Seiten. 1966. DM 16,80 / $ 4.70

Vol. 30: A. Frölicher and W. Bucher, Calculus in Vector Spaces without Norm. X, 146 pages. 1966. DM 12,– / $ 3.30

Vol. 31: Symposium on Probability Methods in Analysis. Chairman. D. A. Kappos. IV, 329 pages. 1967. DM 20,– / $ 5.50

Vol. 32: M. André, Méthode Simpliciale en Algèbre Homologique et Algèbre Commutative. IV, 122 pages. 1967. DM 12,– / $ 3.30

Vol. 33: G. I. Targonski, Seminar on Functional Operators and Equations. IV, 110 pages. 1967. DM 10,– / $ 2.80

Vol. 34: G. E. Bredon, Equivariant Cohomology Theories. VI, 64 pages. 1967. DM 6,80 / $ 1.90

Vol. 35: N. P. Bhatia and G. P. Szegö, Dynamical Systems. Stability Theory and Applications. VI, 416 pages. 1967. DM 24,– / $ 6.60

Vol. 36: A. Borel, Topics in the Homology Theory of Fibre Bundles. VI, 95 pages. 1967. DM 9,– / $ 2.50

Vol. 37: R. B. Jensen, Modelle der Mengenlehre. X, 176 Seiten. 1967. DM 14,– / $ 3.90

Vol. 38: R. Berger, R. Kiehl, E. Kunz und H.-J. Nastold, Differentialrechnung in der analytischen Geometrie IV, 134 Seiten. 1967 DM 12,– / $ 3.30

Vol. 39: Séminaire de Probabilités I. II, 189 pages. 1967. DM 14,– / $ 3.90

Vol. 40: J. Tits, Tabellen zu den einfachen Lie Gruppen und ihren Darstellungen. VI, 53 Seiten. 1967. DM 6.80 / $ 1.90

Vol. 41: A. Grothendieck, Local Cohomology. VI, 106 pages. 1967. DM 10,– / $ 2.80

Vol. 42: J. F. Berglund and K. H. Hofmann, Compact Semitopological Semigroups and Weakly Almost Periodic Functions. VI, 160 pages. 1967. DM 12,– / $ 3.30

Vol. 43: D. G. Quillen, Homotopical Algebra. VI, 157 pages. 1967. DM 14,– / $ 3.90

Vol. 44: K. Urbanik, Lectures on Prediction Theory. IV, 50 pages. 1967. DM 5,80 / $ 1.60

Vol. 45: A. Wilansky, Topics in Functional Analysis. VI, 102 pages. 1967. DM 9,60 / $ 2.70

Vol. 46: P. E. Conner, Seminar on Periodic Maps. IV, 116 pages. 1967. DM 10,60 / $ 3.00

Vol. 47: Reports of the Midwest Category Seminar I. IV, 181 pages. 1967. DM 14,80 / $ 4.10

Vol. 48: G. de Rham, S. Maumary et M. A. Kervaire, Torsion et Type Simple d'Homotopie. IV, 101 pages. 1967. DM 9,60 / $ 2.70

Vol. 49: C. Faith, Lectures on Injective Modules and Quotient Rings. XVI, 140 pages. 1967. DM 12,80 / $ 3.60

Vol. 50: L. Zalcman, Analytic Capacity and Rational Approximation. VI, 155 pages. 1968. DM 13.20 / $ 3.70

Vol. 51: Séminaire de Probabilités II. IV, 199 pages. 1968. DM 14,– / $ 3.90

Vol. 52: D. J. Simms, Lie Groups and Quantum Mechanics. IV, 90 pages. 1968. DM 8,– / $ 2.20

Vol. 53: J. Cerf, Sur les difféomorphismes de la sphère de dimension trois (Γ_4= O). XII, 133 pages. 1968. DM 12,– / $ 3.30

Vol. 54: G. Shimura, Automorphic Functions and Number Theory. VI, 69 pages. 1968. DM 8,– / $ 2.20

Vol. 55: D. Gromoll, W. Klingenberg und W. Meyer, Riemannsche Geometrie im Großen. VI, 287 Seiten. 1968. DM 20,– / $ 5.50

Vol. 56: K. Floret und J. Wloka, Einführung in die Theorie der lokalkonvexen Räume. VIII, 194 Seiten. 1968. DM 16,– / $ 4.40

Vol. 57: F. Hirzebruch und K. H. Mayer, O (n)-Mannigfaltigkeiten, exotische Sphären und Singularitäten. IV, 132 Seiten. 1968. DM 10,80/ $ 3.00

Vol. 58: Kuramochi Boundaries of Riemann Surfaces. IV, 102 pages. 1968. DM 9,60 / $ 2.70

Vol. 59: K. Jänich, Differenzierbare G-Mannigfaltigkeiten. VI, 89 Seiten. 1968. DM 8,– / $ 2.20

Vol. 60: Seminar on Differential Equations and Dynamical Systems. Edited by G. S. Jones. VI, 106 pages. 1968. DM 9,60 / $ 2.70

Vol. 61: Reports of the Midwest Category Seminar II. IV, 91 pages. 1968. DM 9,60 / $ 2.70

Vol. 62: Harish-Chandra, Automorphic Forms on Semisimple Lie Groups X, 138 pages. 1968. DM 14,– / $ 3.90

Vol. 63: F. Albrecht, Topics in Control Theory. IV, 65 pages. 1968. DM 6,80 / $ 1.90

Vol. 64: H. Berens, Interpolationsmethoden zur Behandlung von Approximationsprozessen auf Banachräumen. VI, 90 Seiten. 1968. DM 8,– / $ 2.20

Vol. 65: D. Kölzow, Differentiation von Maßen. XII, 102 Seiten. 1968. DM 8,– / $ 2.20

Vol. 66: D. Ferus, Totale Absolutkrümmung in Differentialgeometrie und -topologie. VI, 85 Seiten. 1968. DM 8,– / $ 2.20

Vol. 67: F. Kamber and P. Tondeur, Flat Manifolds. IV, 53 pages. 1968. DM 5,80 / $ 1.60

Vol. 68: N. Boboc et P. Mustată, Espaces harmoniques associés aux opérateurs différentiels linéaires du second ordre de type elliptique. VI, 95 pages. 1968. DM 8,60 / $ 2.40

Vol. 69: Seminar über Potentialtheorie. Herausgegeben von H. Bauer. VI, 180 Seiten. 1968. DM 14,80 / $ 4.10

Vol. 70: Proceedings of the Summer School in Logic. Edited by M. H. Löb. IV, 331 pages. 1968. DM 20,– / $ 5.50

Vol. 71: Séminaire Pierre Lelong (Analyse), Année 1967 – 1968. VI, 19 pages. 1968. DM 14,– / $ 3.90

Bitte wenden / Continued

Vol. 72: The Syntax and Semantics of Infinitary Languages. Edited by J. Barwise. IV, 268 pages. 1968. DM 18,– / $ 5.00

Vol. 73: P. E. Conner, Lectures on the Action of a Finite Group. IV, 123 pages. 1968. DM 10,– / $ 2.80

Vol. 74: A. Fröhlich, Formal Groups. IV, 140 pages. 1968. DM 12,–/$ 3.30

Vol. 75: G. Lumer, Algèbres de fonctions et espaces de Hardy. VI, 80 pages. 1968. DM 8,– / $ 2.20

Vol. 76: R. G. Swan, Algebraic K-Theory. IV, 262 pages. 1968. DM 18,– / $ 5.00

Vol. 77: P.-A. Meyer, Processus de Markov: la frontière de Martin. IV, 123 pages. 1968. DM 10,– / $ 2.80

Vol. 78: H. Herrlich, Topologische Reflexionen und Coreflexionen. XVI, 166 Seiten. 1968. DM 12,– / $ 3.30

Vol. 79: A. Grothendieck, Catégories Cofibrées Additives et Complexe Cotangent Relatif. IV, 167 pages. 1968. DM 12,– / $ 3.30

Vol. 80: Seminar on Triples and Categorical Homology Theory. Edited by B. Eckmann. IV, 398 pages. 1969. DM 20,– / $ 5.50

Vol. 81: J.-P. Eckmann et M. Guenin, Méthodes Algébriques en Mécanique Statistique. VI, 131 pages. 1969. DM 12,– / $ 3.30

Vol. 82: J. Wloka, Grundräume und verallgemeinerte Funktionen. VIII, 131 Seiten. 1969. DM 12,– / $ 3.30

Vol. 83: O. Zariski, An Introduction to the Theory of Algebraic Surfaces. IV, 100 pages. 1969. DM 8,– / $ 2.20

Vol. 84: H. Lüneburg, Transitive Erweiterungen endlicher Permutationsgruppen. IV, 119 Seiten. 1969. DM 10,– / $ 2.80

Vol. 85: P. Cartier et D. Foata, Problèmes combinatoires de commutation et réarrangements. IV, 88 pages. 1969. DM 8,– / $ 2.20

Vol. 86: Category Theory, Homology Theory and their Applications I. Edited by P. Hilton. VI, 216 pages. 1969. DM 16,– / $ 4.40

Vol. 87: M. Tierney, Categorical Constructions in Stable Homotopy Theory. IV, 65 pages. 1969. DM 6,– / $ 1.70

Vol. 88: Séminaire de Probabilités III. IV, 229 pages. 1969. DM 18,– / $ 5.00

Vol. 89: Probability and Information Theory. Edited by M. Behara, K. Krickeberg and J. Wolfowitz. IV, 256 pages. 1969. DM 18,– / $ 5.00

Vol. 90: N. P. Bhatia and O. Hajek, Local Semi-Dynamical Systems. II, 157 pages. 1969. DM 14,– / $ 3.90

Vol. 91: N. N. Janenko, Die Zwischenschrittmethode zur Lösung mehrdimensionaler Probleme der mathematischen Physik. VIII, 194 Seiten. 1969. DM 16,80 / $ 4.70

Vol. 92: Category Theory, Homology Theory and their Applications II. Edited by P. Hilton. V, 308 pages. 1969. DM 20,– / $ 5.50

Vol. 93: K. R. Parthasarathy, Multipliers on Locally Compact Groups. III, 54 pages. 1969. DM 5,60 / $ 1.60

Vol. 94: M. Machover and J. Hirschfeld, Lectures on Non-Standard Analysis. VI, 79 pages. 1969. DM 6,– / $ 1.70

Vol. 95: A. S. Troelstra, Principles of Intuitionism. II, 111 pages. 1969. DM 10,– / $ 2.80

Vol. 96: H.-B. Brinkmann und D. Puppe, Abelsche und exakte Kategorien, Korrespondenzen. V, 141 Seiten. 1969. DM 10,– / $ 2.80

Vol. 97: S. O. Chase and M. E. Sweedler, Hopf Algebras and Galois theory. II, 133 pages. 1969. DM 10,– / $ 2.80

Vol. 98: M. Heins, Hardy Classes on Riemann Surfaces. III, 106 pages. 1969. DM 10,– / $ 2.80

Vol. 99: Category Theory, Homology Theory and their Applications III. Edited by P. Hilton. IV, 489 pages. 1969. DM 24,– / $ 6.60

Vol. 100: M. Artin and B. Mazur, Etale Homotopy. II, 196 Seiten. 1969. DM 12,– / $ 3.30

Vol. 101: G. P. Szegö et G. Treccani, Semigruppi di Trasformazioni Multivoche. VI, 177 pages. 1969. DM 14,– / $ 3.90

Vol. 102: F. Stummel, Rand- und Eigenwertaufgaben in Sobolewschen Räumen. VIII, 386 Seiten. 1969. DM 20,– / $ 5.50

Vol. 103: Lectures in Modern Analysis and Applications I. Edited by C. T. Taam. VII, 162 pages. 1969. DM 12,– / $ 3.30

Vol. 104: G. H. Pimbley, Jr., Eigenfunction Branches of Nonlinear Operators and their Bifurcations. II, 128 pages. 1969. DM 10,–/ $ 2.80

Vol. 105: R. Larsen, The Multiplier Problem. VII, 284 pages. 1969. DM 18,– / $ 5.00

Vol. 106: Reports of the Midwest Category Seminar III. Edited by S. Mac Lane. III, 247 pages. 1969. DM 16,– / $ 4.40

Vol. 107: A. Peyerimhoff, Lectures on Summability. III, 111 pages. 1969. DM 8,–/ $ 2.20

Vol. 108: Algebraic K-Theory and its Geometric Applications. Edited by R. M. F. Moss and C. B. Thomas. IV, 86 pages. 1969. DM 6,–/ $ 1.70

Vol. 109: Conference on the Numerical Solution of Differential Equations. Edited by J. Ll. Morris. VI, 275 pages. 1969. DM 18,– / $ 5.00

Vol. 110: The Many Facets of Graph Theory. Edited by G. Chartrand and S. F. Kapoor. VIII, 290 pages. 1969. DM 18,– / $ 5.00

Vol. 111: K. H. Mayer, Relationen zwischen charakteristischen Zahlen. III, 99 Seiten. 1969. DM 8,– / $ 2.20

Vol. 112: Colloquium on Methods of Optimization. Edited by N. N. Moiseev. IV, 293 pages. 1970. DM 18,–/ $ 5.00

Vol. 113: R. Wille, Kongruenzklassengeometrien. III, 99 Seiten. 1970. DM 8,– / $ 2.20

Vol. 114: H. Jacquet and R. P. Langlands, Automorphic Forms on GL (2). VII, 548 pages. 1970. DM 24,– / $ 6.60

Vol. 115: K. H. Roggenkamp and V. Huber-Dyson, Lattices over Orders I. XIX, 290 pages. 1970. DM 18,– / $ 5.00

Vol. 116: Séminaire Pierre Lelong (Analyse) Année 1969. IV, 195 pages. 1970. DM 14,– / $ 3.90

Vol. 117: Y. Meyer, Nombres de Pisot, Nombres de Salem et Analyse Harmonique. 63 pages. 1970. DM 6.– / $ 1.70

Vol. 118: Proceedings of the 15th Scandinavian Congress, Oslo 1968. Edited by K. E. Aubert and W. Ljunggren. IV, 162 pages. 1970. DM 12,– / $ 3.30

Vol. 119: M. Raynaud, Faisceaux amples sur les schémas en groupes et les espaces homogènes. III, 219 pages. 1970. DM 14,– / $ 3.90

Vol. 120: D. Siefkes, Büchi's Monadic Second Order Successor Arithmetic. XII, 130 Seiten. 1970. DM 12,– / $ 3.30

Vol. 121: H. S. Bear, Lectures on Gleason Parts. III, 47 pages. 1970. DM 6,–/$ 1.70

Vol. 122: H. Zieschang, E. Vogt und H.-D. Coldewey, Flächen und ebene diskontinuierliche Gruppen. VIII, 203 Seiten. 1970. DM 16,– / $ 4.40

Vol. 123: A. V. Jategaonkar, Left Principal Ideal Rings. VI, 145 pages. 1970. DM 12,– / $ 3.30

Vol. 124: Séminare de Probabilités IV. Edited by P. A. Meyer. IV, 282 pages. 1970. DM 20,– / $ 5.50

Vol. 125: Symposium on Automatic Demonstration. V, 310 pages. 1970. DM 20,– / $ 5.50

Vol. 126: P. Schapira, Théorie des Hyperfonctions. XI, 157 pages. 1970. DM 14,– / $ 3.90

Vol. 127: I. Stewart, Lie Algebras. IV, 97 pages. 1970. DM 10,– / $ 2.80

Vol. 128: M. Takesaki, Tomita's Theory of Modular Hilbert Algebras and its Applications. II, 123 pages. 1970. DM 10,– / $ 2.80

Vol. 129: K. H. Hofmann, The Duality of Compact Semigroups and C*-Bigebras. XII, 142 pages. 1970. DM 14,– / $ 3.90

Vol. 130: F. Lorenz, Quadratische Formen über Körpern. II, 77 Seiten. 1970. DM 8,– / $ 2.20

Vol. 131: A. Borel et al., Seminar on Algebraic Groups and Related Finite Groups. VII, 321 pages. 1970. DM 22,– / $ 6.10

Vol. 132: Symposium on Optimization. III, 348 pages. 1970. DM 22,–/ $ 6.10

Vol. 133: F. Topsøe, Topology and Measure. XIV, 79 pages. 1970. DM 8,– / $ 2.20

Vol. 134: L. Smith, Lectures on the Eilenberg-Moore Spectral Sequence. VII, 142 pages. 1970. DM 14,– / $ 3.90

Vol. 135: W. Stoll, Value Distribution of Holomorphic Maps into Compact Complex Manifolds. II, 267 pages. 1970. DM 18,– / $

Vol. 136: M. Karoubi et al., Séminaire Heidelberg-Saarbrücken-Strasbourg sur la K-Théorie. IV, 264 pages. 1970. DM 18,– / $ 5.00

Vol. 137: Reports of the Midwest Category Seminar IV. Edited by S. MacLane. III, 139 pages. 1970. DM 12,– / $ 3.30

Vol. 138: D. Foata et M. Schützenberger, Théorie Géométrique des Polynômes Eulériens. V, 94 pages. 1970. DM 10,– / $ 2.80

Vol. 139: A. Badrikian, Séminaire sur les Fonctions Aléatoires Linéaires et les Mesures Cylindriques. VII, 221 pages. 1970. DM 18,– / $ 5.00

Vol. 140: Lectures in Modern Analysis and Applications II. Edited by C. T. Taam. VI, 119 pages. 1970. DM 10,– / $ 2.80

Vol. 141: G. Jameson, Ordered Linear Spaces. XV, 194 pages. 1970. DM 16,– / $ 4.40

Vol. 142: K. W. Roggenkamp, Lattices over Orders II. V, 388 pages. 1970. DM 22,– / $ 6.10

Vol. 143: K. W. Gruenberg, Cohomological Topics in Group Theory. XIV, 275 pages. 1970. DM 20,– / $ 5.50

Vol. 144: Seminar on Differential Equations and Dynamical Systems, II. Edited by J. A. Yorke. VIII, 268 pages. 1970. DM 20,– / $ 5.50

Vol. 145: E. J. Dubuc, Kan Extensions in Enriched Category Theory. XVI, 173 pages. 1970. DM 16,– / $ 4.40

Vol. 146: A. B. Altman and S. Kleiman, Introduction to Grothendieck Duality Theory. II, 192 pages. 1970. DM 18,– / $ 5.00

Vol. 147: D. E. Dobbs, Cech Cohomological Dimensions for Commutative Rings. VI, 176 pages. 1970. DM 16,– / $ 4.40

Vol. 148: R. Azencott, Espaces de Poisson des Groupes Localement Compacts. IX, 141 pages. 1970. DM 14,– / $ 3.90

Vol. 149: R. G. Swan and E. G. Evans, K-Theory of Finite Groups and Orders. IV, 237 pages. 1970. DM 20,– / $ 5.50

Vol. 150: Heyer, Dualität lokalkompakter Gruppen. XIII, 372 Seiten. 1970. DM 20,– / $ 5.50

Vol. 151: M. Demazure et A. Grothendieck, Schemas en Groupes I. (SGA 3). XV, 562 pages. 1970. DM 24,– / $ 6.60

Vol. 152: M. Demazure et A. Grothendieck, Schémas en Groupes II. (SGA 3). IX, 654 pages. 1970. DM 24,– / $ 6.60

Vol. 153: M. Demazure et A. Grothendieck, Schémas en Groupes III. (SGA 3). VIII, 529 pages. 1970. DM 24,– / $ 6.60

Vol. 154: A. Lascoux et M. Berger, Variétés Kähleriennes Compactes. VII, 83 pages. 1970. DM 8,– / $ 2.20

Vol. 155: J. Horvàth, Serveral Complex Variables, Maryland 1970, I. V, 214 pages. 1970. DM 18,– / $ 5.00

Vol. 156: R. Hartshorne, Ample Subvarieties of Algebraic Varieties. XIV, 256 pages. 1970. DM 20,– / $ 5.50

Vol. 157: T. tom Dieck, K. H. Kamps und D. Puppe, Homotopietheorie. VI, 265 Seiten. 1970. DM 20,– / $ 5.50

Vol. 158: T. G. Ostrom, Finite Translation Planes. IV. 112 pages. 1970. DM 10,– / $ 2.80

Vol. 159: R. Ansorge und R. Hass. Konvergenz von Differenzenverfahren für lineare und nichtlineare Anfangswertaufgaben. VIII, 145 Seiten. 1970. DM 14,– / $ 3.90

Vol. 160: L. Sucheston, Constributions to Ergodic Theory and Probability. VII, 277 pages. 1970. DM 20,– / $ 5.50

Vol. 161: J. Stasheff, H-Spaces from a Homotopy Point of View. VI, 95 pages. 1970. DM 10,– / $ 2.80

Vol. 162: Harish-Chandra and van Dijk, Harmonic Analysis on Reductive p-adic Groups. IV, 125 pages. 1970. DM 12,– / $ 3.30

Vol. 163: P. Deligne, Equations Différentielles à Points Singuliers Réguliers. III, 133 pages. 1970. DM 12,– / $ 3.30

Vol. 164: J. P. Ferrier, Seminaire sur les Algebres Complétes. II, 69 pages. 1970. DM 8,– / $ 2.20

Vol. 165: J. M. Cohen, Stable Homotopy. V, 194 pages. 1970. DM 16,– / $ 4.40